Meisterin im Minirock

Praktisches Arbeitsbuch für Spirituelles Leben

Erstausgabe auf Englisch:
    Master in a Miniskirt,
    Practical Workbook for Spiritual Living

Meisterin im Minirock

Praktisches Arbeitsbuch für Spirituelles Leben

Ria Panen Godesberg

Erstkorrektur durch Elisa Kurz
Nachkorrektur durch Helmut Godesberg

Sa'Sen Yin International
2014

© 2012 Ria Panen Godesberg

Alle Rechte, insbesondere das Recht der Verbreitung und Vervielfältigung sowie der Übersetzung, vorbehalten. Kein Teil des Werkes darf in irgendeiner Form (durch Fotokopie, Mikrofilm oder ein anderes Verfahren) ohne schriftliche Genehmigung der Schriftstellerin reproduziert, verfilmt, oder unter Verwendung elektronischer Systeme, gespeichert, digitalisiert, verarbeitet, vervielfältigt oder verbreitet werden, außer für das Gebrauch von Kurzzitaten in Buchbesprechungen oder Fachzeitschriften.

Erste Auflage Oktober 2014

ISBN: 978-1-326-07035-9

Sa'Sen Yin International

www.sasenyin.eu

Widmung

Dieses Buch ist für alle Suchenden, die wahrhaft versuchen, das wahre Wesen, das sie wirklich sind, zu werden, mit dem Ziel diese Welt zu einem besseren Ort zu machen für alle. Ich fühle mich reich, da ich einige wunderbare Beispiele in meinem intimsten Kreis weiß: Meine Tochter Erinda, meine Seelenschwestern Amina, Carolina, Cynthia und Sharon. Mögen eure Absichten immer rein sein und das Ergebnis ein Schneeballeffekt.

Inhalt

Meisterin im Minirock   iii
Inhalt   vii
Dankwort   ix
Vorwort.. xiii
Prolog.. 1
Kapitel 1. Die Herausforderung sich selbst zu sein.............3
Kapitel 2. Das tägliche Leben ist der Weg zum Inneren Wachstum   9
    1. Die kleinen Sachen, die so einen großen Unterschied machen   9
    2. Komplimente geben   12
    3. Der Einfluss unserer Laune   14

Kapitel 3. Eine Rote Rose sein   23
    1. Wie sieht es mit Neid aus?   23
    2. Geben/Schenken   28
    3. Karmische Kette   32
    4. Rote und graue Rosen   34

Kapitel 4. Kleine Sachen in einem großen Kontext   37
    1. Was ist deine Bestimmung?   37
    2. Spirituell sein   40
    3. Es gibt nur Eine Energie!   43
    4. Ein Beispiel darstellen   50

Kapitel 5. Rivalität   **55**

Kapitel 6. Die dunkle Mächte   **65**

    1. Ahriman und Lucifer   65
    2. Elementarwesen   71
    3. Körperliche Unbequemlichkeit   71
    4. Verzweiflung   73
    5. Isolation   75
    6. Das Bündnis der dunklen Mächten   81

Kapitel 7. Das Herz-Chakra   **85**

    1. Sein, wer wir wirklich sind   93
    2. Der Sinn in/von deinem Leben   94

Kapitel 8. Erleuchtung   **99**

Kapitel 9. Kommunikation   **107**

    1. Verschiedene Kommunikationsarten   107
    2. Kommunikation von Menschen mit Menschen   109
    3. Nimm dir die Zeit   111
    4. Sei wer du bist   113
    5. Gesichts- und Körperausdruck   116
    6. Kommunikation durch Gedanken   119

Kapitel 10. Hellsichtigkeit   **123**

    1. Akasha Chronik   123
    2. Farbensehen   127
    3. In einen Körper hinein sehen   130
    4. Praktische Anwendung im Alltag   130

Kapitel 11. Hellsichtigkeit und Kinder — **135**

    1. Hellsichtigkeit verlieren — 135
    2. Denken — 138

Kapitel 12. Meditation — **151**

    1. Meditation und Zentrieren — 151
    2. Was ist Meditation? — 151
    3. Hilfreiche Wege für den Anfang — 153
    4. Visualisierung — 156

Kapitel 13. Pferde?! — **165**

    1. Diskriminierung — 170

Kapitel 14. Gott und Ich — **179**

    1. Wo alles anfing... — 179
    2. Ich bin Es, Es ist Ich, Es ist Wir, Wir sind Eins — 184
    3. Wer bin ich? Was bin ich? Ist da ein Unterschied? — 185
    4. Wie ich mich selbst und Gott sehe — 187

Kapitel 15. Epilog — **190**
    1. Lebe als ob du feiern würdest — 190

Dankwort

Wenn ich mir überlege, wem ich alles danken möchte, kommt so viel Dankbarkeit zu dir Rich, hochgebraust, ja du Rich Scanlon, da du mir so beigestanden hast während ich die Erstausgabe auf Englisch schrieb, mir bei der Korrektur auf so eine liebevolle und respektvolle Art geholfen und mich unterstützt hast, dass ich mir nicht vorstellen könnte, wer mich besser hätte unterstützen können, und wer besser diese vielleicht undankbare Arbeit getan hätte als du. Du hast mir geholfen zu vertrauen, dass alles möglich ist. Denn ich kann mein Buch schreiben, bin aber schrecklich ängstlich bei allem, was mit Papierkram, neuen Computerprogrammen und aller Bürokratie, die mit dem Publizieren eines Buches verbunden ist, zu tun hat. Aber da warst du, die ganze Zeit hast du mich inspiriert, hast mir alles so erklärt, dass es keine Last wurde. Danke Dir!!!!

Ich bin auch den höheren Mächten dankbar, all diese großen und kleinen Wesen, die zu schwierig zu benennen sind, da viele sie nicht sehen, aber sie waren die ganze Zeit bei mir und haben mich durchhalten lassen oder mich erinnert, das, hoffentlich, Richtige zu tun. All diese Mächte zusammen nennen wir Gott, die mich Eins sein ließen, und deswegen mir das Schreiben ermöglichten, und mir zeigten, wo Menschen Schwierigkeiten haben und anfangen mehr Getrenntheit als Einheit zu erfahren.

Ich bin Pete Bampton dankbar, da er derjenige war, der sagte: 'du sollst deine Weisheit und Erfahrung festhalten in einem Buch', und deswegen habe ich mit diesem Buch angefangen und habe meine Autobiographie zur Seite gelegt. Vielen Dank an Erinda und Sharon, die die ganze Zeit ehrlich mit mir sind und mir das erste Feedback gegeben haben nachdem ich die englische Version zu Ende geschrieben hatte.

Danke dir, Elisa Kurz, dass du meine Dringlichkeit verstandest und die Bereitschaft hattest in der Höchstgeschwindigkeit meine Deutsche Version zu korrigieren. Es war dann zwar nicht alles korrekt, aber es war dann erst mal lesbar. Und last but not least vielen Dank an Helmut, meinen wunderbaren Mann, der mein Buch nochmal korrigiert hat und der für mich kochte und mich bewirtete, auch wenn er nicht immer glücklich war, dass ich wieder hinter meinem Computer saß. Danke, dass du immer für mich da bist!

Vorwort

Im Jahre 2008 war ich beschäftigt dieses Buch zu schreiben. Viele Menschen waren mit einbezogen und dann wieder ent-einbezogen, die mir mehr Gründe gaben dieses Buch nicht zu schreiben als es zu schreiben. Jede Person hatte ihre eigene Idee was ich zu schreiben hätte. Also habe ich entschieden, das zu tun, wovon ich fühlte, dass ich es tun musste, und das ist Dir das zu geben, was ich zu geben habe. Ohne weiter darüber zu reden wie anzufangen, keine Verzögerung mehr, den es gibt keine Zeit zu verlieren.

Das zu geben, was ich zu geben habe, ist das, an was ich mein Leben gewidmet habe: Meine Liebe der Menschheit zu schenken. Dieses Buch ist ein Geschenk an Dich. Es prätendiert nicht die einzige Führung zu sein, die eine Person braucht oder haben soll. Es ist nichts mehr und nichts weniger als mein Geschenk an dich: Eine Hilfe, um manche Dinge, die du vielleicht noch nicht verstehst, zu verstehen und eine Inspiration Dein Leben auf einen Weg zu dirigieren, wodurch es Dir besser gehen wird und als Konsequenz hiervon es der Welt auch ein Stückchen besser gehen kann. Der Grund, dass ich das jetzt so schnell tue, ist weil ich eine sehr große Dringlichkeit spüre.

Nachdem ich die ersten 50 Jahre meines Lebens, bis 2005, aufgeschrieben hatte, habe ich dieses Buch angefangen. Jetzt ist von dem, was ich angefangen habe zu schreiben, nichts mehr übrig. Viele Menschen haben meinen Text verändert, beschmutzt oder zensiert. Ich spüre keine Verbitterung, kein Bedauern. Es hat mir zum zweiten Mal in meinem Leben gezeigt, dass, obwohl ich es liebe in einem Team zu arbeiten, ich die Fäden meiner Kreation in eigenen Händen halten brauche; denn sonst wirkt es nicht gut. Warum dies so ist? Ganz einfach, weil die Menschen nicht sehen was ich sehe. Sie können nichts dafür und ich kann es nicht ändern. Heute ist ein sehr frischer Anfang, in 2011, und ich beginne diesen neuen Text zu schreiben.

Ich bitte dich um Verständnis dafür dass Deutsch nicht meine Muttersprache ist. Ich bin in diesem Moment meines Lebens in einer Situation in der ich, egal welche Sprache ich spreche, nie meine eigene Sprache spreche. Sogar 'meine eigene' Sprache, also Niederländisch, ist eine Fremdsprache für mich geworden. Ich finde die Worte nicht mehr, weil ich es nicht so oft spreche. Deswegen, falls du entscheidest, dass dieses Buch nicht gut ist wegen des inkorrekten Sprachgebrauchs, dann ist dieses Buch nicht für dich. Durch dieses Buch möchte ich Toleranz, Liebe, Friede, Güte, Brüderlichkeit und Schwesterlichkeit propagieren.
Und mit dem Verzeihen von meinen Sprachfehlern wäre das doch ein wunderbarer Anfang … Denn du möchtest möglicherweise wirklich lesen, was ich zu sagen habe… Und wenn du dieses Buch zu Ende gelesen hast, in der Überzeugung dass du es begriffen hast, oder auch, dass du es nicht begriffen hast, schmeiß es dann nicht weg, denn es kann gut sein, dass du es später noch mal lesen möchtest, und dann Sachen verstehst, die du vorher nicht verstanden hast, oder dass du sie von einem anderen Blickwinkel siehst oder sogar auf einem viel tieferen Niveau verstehst.

Dieses Buch ist gedacht als ein Buch der Hoffnung; das erste von einer Serie, das dir durch diese nicht so einfachen Zeiten helfen kann. Sei einfach auf Überraschungen vorbereitet und lass dich in dieses Abenteuer, das Leben heißt, einführen. Danke für dein Vertrauen.

Ria Panen Godesberg
Sant Mateu de Eubarca, September 2011

Ria Panen Godesberg

Prolog

Dieses Buch spricht über wie jede Person bewusst Teil sein kann, die Gegenwart für die ganze Menschheit zu gestalten. Ich möchte dir zeigen, wie alles was du tuest, oder nicht tuest, wichtig ist, da es ein Wiederklang in der Schöpfung hat. Es zeigt dir, wie du auf einfachem Wege eine bessere Welt für dich und gleichzeitig für alle andere gestalten kannst. Es zeigt dir, dass Verantwortung in Wirklichkeit Freiheit ist. Es zeigt dir, dass du zeitlos bist. Und es zeigt dir wie, sogar wenn wir nur wenige Menschen sind, wir tatsächlich die Welt dramatisch verändern können. Ich hoffe, dass ich es geschafft habe dich neugierig genug zu machen um dich mitnehmen zu lassen auf das Abenteuer, dass das lesen dieses Buches sein kann. Vielleicht findest du es interessant genug um Anderen davon zu erzählen.

Ria Panen Godesberg, September 2014

Meisterin im Minirock

Ria Panen Godesberg

Kapitel 1. Die Herausforderung sich selbst zu sein

Madrid 1993. Es ist Juni, die meisten Menschen bereiten sich auf ihren Urlaub vor. Das Gefühl etwas Spirituelles zu tun, irgendein Seminar oder einen Kurs, ist nicht sehr präsent. Es ist glühend heiß und die Menschen haben keine Lust drinnen zu sitzen, schon gar nicht am Wochenende. Um die Mittagszeit bleibt der Teer von den Straßen an den Schuhsohlen kleben.

In den meisten Wohnungen ist es super drückend und es gibt da so ein Gefühl wie in einem Gefängnis mit zu vielen Menschen. Der Lärm von den Wohnungen umher wird nachdrücklicher, da jeder seine Fenster offen hat, seine Fernseher, Radios und Kassettenspieler an hat, und, noch obendrein, versucht, sich mit den Anderen durch Geschrei zu verständigen über den Lärm hinweg, den sie verursachen.

So hier bin ich an einen Freitagabend, ganz bereit meinen Vortrag zu geben. Der Titel ist ‚sexuelle Energie'. Ein riskanter Titel an einem riskanten Ort in einer riskanten Jahreszeit.
Das Eco-Zentrum hat das Restaurant, wo der Vortrag stattfinden sollte, für 50 Menschen vorbereitet. Mir wurde gesagt, dass es richtig toll wäre, wenn 50 Menschen erscheinen würden, besonders in dieser Jahreszeit. Der Vortrag sollte um 19.30 Uhr anfangen; auch hier sagte man mir: Nicht so eine gute Zeit, da viele Leute erst nach 20.00-20.30 Uhr von ihrer Arbeit kommen.

Ich nahm all diese Information in mich rein und sagte mir: ‚Kein Problem, auch wenn es nur 7 Menschen da geben wird und die wollen richtig hören, was ich zu sagen habe, dies verstehen und es umsetzen werden, dann habe ich Erfolg gehabt.

Meisterin im Minirock

Also fühlte ich mich gut, ruhig und vorbereitet; ich *bin* dieses Material; ich brauche mich nicht zu erinnern oder zu reproduzieren...

Um 25 nach Sieben war ich vor der Tür, darauf wartend hinein gehen zu können. Das war allerdings ganz unmöglich! Der Raum war übervoll!

Die Menschen waren überall. An den Tischen, auf den Tischen, unter den Tischen und sogar auf dem Podium, wo ich sitzen sollte um meinen Vortrag zu geben, war es voll, sodass der einzige Platz der noch frei war, "mein" Stuhl war. Wow, was für ein Schock! Da waren fast 500 Menschen in diesem Raum! Plötzlich bekam ich es mit den Nerven; was soll ich mit so vielen Menschen machen? Darauf war ich gar nicht vorbereitet... oder war ich das?

Nicht ohne Schwierigkeiten, ganz vorsichtig, bahnte ich mir einen Weg durch die Menge, während ich alle Augen auf mich gerichtet spürte, und bestieg das Podium. Ich bat jemand darum, den Stuhl weg zu nehmen, damit ich Platz zum Stehen hätte, und hieß die Menge willkommen. Dann erzählte ich ihnen, dass ich, nachdem ich so viele Menschen gesehen hatte, sehr nervös geworden war.

Dann passierte etwas... alle wurden sie weich, sanft und verständnisvoll. Allerdings wussten die meisten dann noch nicht, das *ich* diejenige war, die den Vortrag geben würde.

In mir passierte auch etwas: Ich wusste plötzlich, dass es nichts ausmachte ob 50 oder 500 Menschen anwesend waren. Ich hatte etwas zu geben das groß genug war für 500 Menschen oder sogar noch mehr, und es war nicht beschränkt in einer Form, dass nur 50 Leute diese Gabe empfangen könnten.

Meisterin im Minirock

Ich fing an mich wohl zu fühlen und konnte beginnen mit geben. Natürlich fühlte ich mich verpflichtet, dies meinem Publikum zu sagen, und das war entzückt. Meine Zuhörer waren sehr erwartungsvoll, denn ich war angekündigt worden als „Meisterin über Leben (Zen)" und als die Inkarnation von Loo Pingh, einer weiblichen, spirituellen Führerin die vor 4.000 Jahren in dem was wir jetzt Tibet nennen, gelebt hat. Das verursachte viele Erwartungen. Und hier bin ich, eine Frau mit langen, blonden Haaren die einen Minirock trägt mit Trägerhemdchen.
Sehr modern, fast provokativ, besonders in dieser großen Stadt wo ich eine Reputation zu „verteidigen" habe. Eine weibliche Meister(in) zu sein ist an sich schon eine Herausforderung; dann noch so gekleidet zu sein wie ich und in meinem Alter ist eine HERAUSFORDERUNG.

Ich fing an zu reden und im Anfang, die ersten 2-3 Minuten, gab es eine Menge Gescharre, Geschiebe und Geflüster.
Allerdings, ab der 4. Minute hatten sie meinen Minirock und langen blonden Haare vergessen und fühlten in ihren Herzen die Wahrheit, die ich zu verkünden hatte.

Dies ist jedes Mal wieder eine Herausforderung: Eine von denen zu sein, eine von *euch*; nicht aufzufallen mit ‚dezenter' Kleidung sowie eine Meisterin ‚sollte', nicht in das Erwartungsmuster, das die Menschen von einem Meister oder einer Meisterin haben, zu passen. Nicht auf Abstand der Menschen zu bleiben, so wie die meisten Professionals das machen, ob sie jetzt spirituelle Lehrer, Firmenchefs oder Ärzte sind. Die meisten bevorzugen es, die Menschen auf Abstand zu halten, da der persönliche Kontakt immer gepaart geht mit Misstrauen und Konflikt, da dies (immer noch) Teil der menschlichen Natur ist.

Meisterin im Minirock

Dies ist die Geschichte von einem sehr schwierigen Weg. Denn sich nicht zu benehmen wie Leute erwarten dass ich mich benehme, noch mich so zu kleiden wie Menschen erwarten wie ich mich zu kleiden habe, macht die Sache schwieriger. Es ist eine Herausforderung nicht den akzeptierten Normen zu entsprechen ohne das als Provokation zu tun, obwohl das provokativ aufgenommen werden kann.

Es ist allerdings wunderbar zu sehen, dass durch Liebe, und nicht ‚gekleidet' in klassischen ‚Plunder', durch wirkliche Unterstützung, die Menschen den Weg zu sich selbst finden; das werden, was sie wirklich sind und ihr volles Potential finden. Es ist eine Herausforderung, die ich mir nicht einfacher machen werde, da das eine Korruption sein würde vom Geben von wahrer Liebe. Denn wahre Liebe ist neu, originell und unkonventionell; all dieses zu gleicher Zeit.

Jetzt denkst du: Ok, das ist alles schön und gut, aber warum erzählt sie mir das? Ich erzähle dir das, weil jede Person, ohne Ausnahme, ein(e) Meister(in) in Liebe(n) werden kann.

Es ist für jede Person möglich, die Veränderung zu machen.

Es ist für jeden Menschen möglich, eine entscheidende Rolle zu spielen, die Welt in einen besseren Ort zu verändern.

Und da ist es, wo ich möchte, dass du anfängst.

Meisterin im Minirock

Meisterin im Minirock

Kapitel 2. Das tägliche Leben ist der Weg zum inneren Wachstum

Wie du weißt, geht dieses Buch darüber einen spirituellen Weg zu gehen. Also, was ist spirituell?? Oder Spiritualität?

Bitte, merke dir als Erstes, dass eine Person, die eine Menge über spirituelle Techniken weiß, nicht notwendigerweise eine spirituelle Person ist; noch ist es wahr, dass eine Person, die gar nichts über spirituelle Techniken weiß, *kein* spiritueller Mensch wäre. Viele Menschen, die erzählen, dass sie ein hohes spirituelles Niveau haben, vergessen oft, dass die kleinen Dinge wichtig sind; dass sie *die* wichtigen Dinge sind.

Ich bevorzuge es, das was spirituell eigentlich bedeutet, nicht zu definieren; jedoch hoffe ich von ganzem Herzen. dass du es weißt, wenn du dieses Kapitel zu Ende gelesen hast!!

Die kleinen Sachen, die so einen großen Unterschied machen

Lass uns einen Moment mal zurück zu dem Titel gehen: Das tägliche Leben als Weg zum inneren Wachstum bedeutet, dass die ganz kleinen Sachen im Leben bedeutungsvoll sind.

In dem Fall, dass ich vor dir stehen würde und einen Vortrag gäbe, etwas, das ich oft mache, dann sind die kleinen Sachen zum Beispiel, dass ich dich und die anderen Menschen wirklich anschaue und ich tatsächlich eure Gesichter *sehe* und nicht nur so mit meinem Blick über die Gesichter schweife und ihr dann nicht mal wisst, ob ich euch tatsächlich sehe.
Ich möchte, dass du weißt, dass ich dich *tatsächlich sehe* und dass

Meisterin im Minirock

ich echt weiß, dass ihr alle da seid; ich kenne jedes von euren Gesichtern und nachher erinnere ich mich möglicherweise nicht an euer Namen, weil das schon ein bisschen viel ist, so alles auf einmal, aber ich kenne dich und ich respektiere dich und bin sehr dankbar, dass du hier bist und sehr dankbar, dass du offensichtlich irgendwo auf der gleichen Wellenlänge auf diesem Weg bist mit dem Willen irgendetwas zu unternehmen, um aus dieser Welt einen besseren Ort zu machen.

Das ist also, was *ich* (in einer Konferenz oder einem Vortrag) mache.

Und jetzt bist du dran:

In dem gleichen Vortrag kommt jetzt für dich etwas ganz simples zu machen, auch im Alltag: Schau in so einem Moment den Menschen neben dir und/oder vor dir an und sag einfach: ‚Hallo!'

Das Gegenteil passiert so oft: Alle küssen sich aus Gewohnheit ‚hallo' und mua-mua (Kuss-Geräusch) und dann haben sie diese Person, die sie umarmt hatten, noch nicht mal angeschaut; sie haben nicht wirklich registriert, wer diese Person wohl ist; sie haben sie nicht mal wirklich wahrgenommen. Oder, sie setzen sich hin, als ob niemand anders da wäre.

Deswegen sage ich oft, dass ich dieses Geküsse nicht mache; damit meine ich nicht, dass ich im Allgemeinen nicht küsse, sondern dass ich keine Gewohnheitsküsserei betreibe.

Ich mag die Person zu *sehen*, Kontakt mit ihr zu machen.

Wenn die Person dann automatisch anfängt mit der Küsserei ohne

Meisterin im Minirock

wirklich präsent zu sein in ihrer Begegnung mit mir, reiche ich ihr meine Hand. Ich werde in ihre Augen schauen, während ich sage: ‚Hi, ich bin Ria' oder ‚schön dich kennen zu lernen' oder was auch eben, denn es ist die *Begegnung* die wichtig ist.

Die Küsserei, die Umarmung, das Hände Schütteln sind alles nur Symbole; Abbilder von etwas und wenn wir vergaßen was wir mit denen sagen wollten, ist es einfach besser, es sein zu lassen und wieder anzufangen mit *Begegnen*, was heißt, dass jeden Tag, an dem wir jemand *begegnen*, wir wirklich mit diesem Menschen Kontakt machen!

Begegne diesem Jemand; geh zum Bäcker, schau der Verkäuferin in die Augen und sag ‚Gute Morgen' oder ‚Guten Tag' oder ‚Danke schön' und bezahle, nicht aus der Gewohnheit, entstanden durch ein einfach höfliches Muster, das wir angenommen haben, sondern realisiere dir, dass du wirklich dankbar bist, dass diese Frau dir Brot gegeben hat, dir dein Wechselgeld zurückgegeben hat, und nimm es nicht für selbstverständlich, dass sie da ist.

Du wirst sehen: Es macht einen Unterschied. Sie hat sich vorher wie eine Maschine gefühlt, vielleicht sogar wie eine gehandelt. Und wir, die, die nicht wirklich hinschauen, nicht wirklich wahrnehmen, sind hierfür verantwortlich. Vielleicht fängt sie an, ihre Kinder wie eine Maschine zu behandeln, und ihren Mann, ihre Eltern, ihre ‚Freunde'.
Hast du mal darüber nachgedacht? Das könnte passieren. Das könnte es und tut es! Jede von unseren Handlungen (reden ist handeln) hat ein Ergebnis, eine Folge, eine Konsequenz. Aber wir denken über so etwas (meistens) nicht nach.
Etwas für selbstverständlich nehmen ist gerade *nicht* das, was wir im Alltag tun sollten.

Meisterin im Minirock

Das gleiche gilt für uns alle, die sich einen Vortrag anhören, an einem Kurs, Unterricht, Konferenz oder Seminar teilnehmen: Warum würden wir dahin gehen wenn wir nicht interessiert wären?

Dann erzähl mir aber, warum so viele Menschen bei so einer Veranstaltung sitzen mit einer Haltung von: ‚Ich weiß dieses alles schon, es ist total uninteressant; ich höre nicht zu, bleibe aber bis zum Ende' (jaja☺).
Für die Person, die diese Veranstaltung leitet, ist es ja toll in interessierte Gesichter schauen zu können. Warum würden wir dieser Person, dieses Vergnügen zu erfahren, nicht gönnen?? Warum würden wir es schwieriger für sie machen wollen? Sind wir neidisch?

Zeig dein Interesse; falls du nachher Fragen hast brauchst du deinen Stolz nicht runterzuschlucken.

Komplimente geben

Es gibt viele Situationen in unserem Alltag, in denen wir uns nicht wirklich realisieren was wir tun. Zum Beispiel: Wenn jemand dich besuchen kommt, (oder wenn du jemand besuchen gehst) und die Leute sagen „oooh, was für schöne Vorhänge" oder "du siehst hinreißend aus" oder "o mein Gott, dies ist fantastisch"...

Kennst du dieses Gefühl von *„was hat dies zu bedeuten?"*
Hat dies etwas mit mir zu tun???!

Das Gefühl entsteht, weil es so viele Menschen gibt, die konstant Komplimente geben, nicht weil sie wirklich ehrlich über dich reden

Meisterin im Minirock

und über das, was du so schön gemacht hast, sondern weil sie einfach Aufmerksamkeit haben wollen. Sie wollen uns überzeugen, was für gute Menschen sie doch sind, schmerzhaft schmachtend nach Anerkennung.

Also wäre es wirklich gut, wenn wir lernen würden, dieses nicht zu tun, dieses Aufmerksamkeit-erregen auf dieser hinterhältigen Art. Wenn ich jemand sehe und ich sage: „Wow, du siehst schön aus"... Warum sage ich das??!!

Tue ich das, weil ich möchte, dass diese Person sich wohl fühlt ihretwegen, oder weil ich Aufmerksamkeit haben möchte?!?
Ist es, weil ich möchte, dass diese Person mich mag? Ist das geben von Komplimenten so gemeint, dass *ich* Vorteil dadurch bekomme? Das macht es zu einer ganz anderen Sache; es ist wichtig das zu erkennen, was heißt: Wir brauchen mehr Bewusstsein, um impulsivem Benehmen vorzubeugen. Wenn wir Aufmerksamkeit brauchen, lass uns dann doch darum bitten; falls wir die andere Person von unserer Anerkennung ins Bild setzen wollen, dann sollen wir genau das, auf eine saubere Art, tun.

Spontanes Benehmen ist natürlich wunderbar, aber impulsives Benehmen ist das nicht, da Impulsivität völlig unbewusst ist. Durch dieses Benehmen ohne Bewusstsein erzeugen wir eine ganze Menge Karma.

Der Unterschied zwischen Spontanität und Impulsivität ist, dass Spontanität aus dem Herzen kommt (in Kapitel 7 werde ich erläutern wie Leben vom Herzen aus geht) und Impulsivität kommt aus dem Bauch, von den niederen Energiezentren unseres Körpers, und das ist mehr wie Instinkt.

Meisterin im Minirock

Ich möchte dir noch einige Beispiele zeigen von trivialen, jedoch realen Situationen und deren Konsequenzen.

Der Einfluss unserer Laune…

Lass uns diese Geschichte anfangen mit dem Aufwachen an einem ganz normalen Tag, nachdem wir eine Nacht geschlafen haben.

In diesem Beispiel ist die Ich-Person eine Frau, die Ehefrau von jemand und die Mutter von 2 Kindern. Sie erzählt jetzt ihre Geschichte:

Ich wache auf und bin total schlecht gelaunt. Ich poltere die Treppen runter und schmeiße erst ein paar Töpfe auf den Kochherd, dann einige Teller auf den Tisch und ein paar Schüsseln mit Müsli oder was auch eben die Familie frühstückt.

Die Kinder haben sich noch nicht sehen lassen. Ich schreie Richtung Treppe: "Bewegt eure Ärsche, ihr seid spät dran und das Frühstück steht schon auf dem Tisch" all dieses mit einer seeehr lauten Stimme. Die Kinder hassen diese Stimme. Sie fühlen sich schon unwohl und werden noch langsamer runter kommen, denn sie versuchen so wenig Zeit wie möglich mit mir zu verbringen. Sie spüren, dass ich ungerecht bin; warum muss ich sie anschreien, wenn es doch genug Zeit gibt zum Frühstücken, genau wie an jedem anderen Tag auch?

Sie kommen runter, reden nicht mit mir, da sie Angst haben einen Fehler zu machen. „Könnt ihr nicht `Guten Morgen, Mama sagen, wenn ihr in die Küche kommt?" beiß ich denen zu.
„Gute Morgen, Mama" sagen sie mit dünnen Stimmchen. „Esst

Meisterin im Minirock

euer Frühstück und sorgt dass ihr los kommt!" ist meine Antwort. Das tun sie, sie essen schnell, ziehen ihre Jacken an und verschwinden so schnell sie können, mit einem schnellen, genuschelten „tschüss Mumm".

Ich murmele zu mir selber: „Wie ist es möglich dass die solche Blagen sind? Können sie sich ihrer Mutter gegenüber nicht besser benehmen?"

Dann ruft mein Mann von oben die Treppe runter: „Weißt du wo meine braunen Schuhe sind?" „Warum passt du selbst nicht besser auf deine Schuhe auf? Warum musst du mich belästigen mit deinen doofen Schuhen?" Natürlich war ich das, die, immer noch super schlecht gelaunt, so auf seine Frage reagiert habe.

Mein Mann kommt die Treppe runter und küsst mich nicht, da er keine Lust hat mich zu küssen; er erinnert sich gar nicht mal, dass das etwas ist was er tun könnte, sowie ich ihn in diese Laune versetzt habe… Vielleicht ist er ein bewusster Mann und in diesem Fall traut er sich gar nicht mal in meine Nähe zu kommen. Und ich bin beleidigt… „Was ist los? Kannst du mich nicht küssen? Bin ich dir nicht mehr wichtig?" Mein Mann entschuldigt sich: „Wenn du mich so angeschrien hattest, dachte ich, dass es besser wäre dich in Ruhe zu lassen" (Kuss, Kuss) Ich drehe mich halb weg von ihm da ich es nicht wirklich mag. „Ich habe nicht zu dir geschrien!" Während mein Mann schnell seinen Kaffee trinkt tut er, als ob er diese Bemerkung nicht bemerkt habe während ich ihm erzähle, dass ich es nicht ausstehen kann, wenn er mich beschuldigt von etwas das ich gar nicht mache!!...

Meisterin im Minirock

Wie geht das hier weiter?
Eines meiner Kinder, mein Sohn, benimmt sich einem anderen Kind in der Klasse gegenüber schlecht. Sie kämpfen, der Lehrer rügt ihn. Mein Sohn antwortet sehr schroff. Der Lehrer fragt ihn: „Was ist denn mit dir los?" Mein Sohn schießt zurück: „Das geht Sie gar nichts an!" Der Lehrer fühlt sich frustriert und schickt meinen Sohn aus dem Klassenraum.

Mein anderes Kind, das kleiner ist, kriegt Blasenprobleme. Während dem Unterricht fragt sie, ob sie auf die Toilette darf. Die Lehrerin erlaubt es nicht, sodass meine Tochter sich fast in die Hosen macht und es gerade noch schafft, ohne Erlaubnis, die Toilette zu erreichen. Die Lehrerin bestraft sie; meine Tochter fühlt sich ungerecht behandelt und beschwert sich beim Oberlehrer. Der Oberlehrer ruft die Lehrerin und erteilt ihr eine Ermahnung.

Die Lehrerin fühlt sich schlecht, weil sie verkehrt gehandelt hat, stinkig weil sie sich vor ihrer Schülerin bloßgestellt fühlt und minderwertig ihrem Oberlehrer gegenüber; drei negative Gefühle, die dazu beitragen, dass sie sich entsprechend benehmen wird.

Währenddessen ist mein Mann in seinem Büro angekommen. Das Telefon klingelt. „Was?!" "Sorry Boss, Herr so-und-so ist am Apparat. Kann ich ihn durchstellen?" "Nein, warum müssen Sie mich stören? Sag ihm, dass ich keine Zeit für ihn habe!" „Entschuldigung Chef, aber gestern haben Sie mir befohlen ihn so bald Sie hereinkämen, anzurufen, also habe ich das getan."
„Ich habe anders entschieden! Haben Sie ein Problem damit? So ja, dann können Sie sich einen anderen Job suchen!"

In der Mittagspause hat die Sekretärin eine Verabredung mit ihrem Freund. Er lädt sie zum Mittagessen ein.

Meisterin im Minirock

Als sie dann beim Restaurant seiner Wahl ankommen, fragt sie ihn, warum er immer Restaurants auswählt, die sie nicht mag. Er ist total verwirrt, da sie normalerweise solche Restaurants wie dieses ausgewählte, gerne mag. Und seine gute Laune ist futsch.

Der Lehrer meines Sohnes kommt nach Hause. Er kommt, ohne ein Wort zu sagen, zur Tür herein, also fragt seine Frau ihn was los ist... Er beißt ihr zu die Klappe zu halten und ihn in Ruhe zu lassen. Er hat schon genug Probleme ohne sie...

Die Lehrerin meiner Tochter fährt nach Hause und weint den ganzen Nachmittag. Ihre Familie verzweifelt, weil sie auf keinerlei Weise zum Reden zu bringen ist...

Ok, ich glaube dass du es kapierst. *Ich* habe schlechte Laune; *Ich* lebe diese schlechte Laune und gebe es meiner Familie weiter. Meine Familie gibt es auch wieder weiter usw. usw. Ein reiner Schneeballeffekt.

Wirst du jetzt denken dass ich dir erzählen will, dass du keine schlechte Laune haben darfst??

Das wäre ja Schwachsinn. Manchmal hast du schlechte Laune, ob du willst oder nicht. Schlechter Laune kann man nicht immer vorbeugen. Das ist auch nicht wichtig. Das Wichtige beginnt dort, wo du entscheidest was du mit deiner Laune anfängst. Wenn du dir sagst: ICH HABE DIE WAHL!!
Lass uns bei diesem gleichen Tag bleiben, mit der gleichen Situation, in der die Ich-Person morgens schlechtgelaunt aufsteht...

Meisterin im Minirock

Brrr, was für ein Tag! Ich fühle mich als würde ich gerne alles durch die Gegend schmeißen; ich möchte schreien und jemand anderem die Schuld dafür geben können, dafür wie ich mich fühle. Ich muss aufpassen, dass ich genau das nicht tue, da kein Anderer schuld daran *hat*. Ich hoffe ich schaffe es bei mir zu behalten.

‚Ich stelle mich mal vor den Spiegel und lächle mich mal nett an: ein nettes Lächeln überzeugt mich davon, dass ich eine freundliche Person bin'. (*ich lächle vor dem Spiegel*) Nicht schlecht, ehrlich gesagt fühlt es sich schon besser an.

Ich gehe zu meinem Kleiderschrank und statt meinen schäbigen Trainingsanzug anzuziehen entscheide ich mich für ein fröhlich gemustertes T-Shirt und einen anliegenden Rock und nach einen Blick in den Spiegel fühle ich mich schon besser.

Dann gehe ich runter und fange an das Frühstück zuzubereiten. Ganz bewusst stelle ich die Schüsseln und andere Frühstückszutaten sorgfältig auf den Tisch. Ich bemühe mich, es mit so viel Liebe zu machen wie ich nur kann; denn ich stelle es dahin für die, die ich liebe; auch wenn ich mich fühle als ob ich jemand würgen können würde.

Ich höre meine Kinder oben reden, also rufe ich nach oben: 'bitte ihr Lieben, beeile euch; ihr wollt ja nicht zu spät kommen!' Und im nu sind sie unten, mich herzlich umarmend. Ich erzähle ihnen dass ich möglicherweise nicht so nett sein werde, weil ich mich scheiße fühle; sie schicken mir einen mitfühlenden Blick und mein Sohn sagt sogar: ‚Mach dich nichts raus Mumm, das habe ich auch manchmal. Dann schreie ich meine Schuhe an und fühle mich nachher dann viel besser. ' ‚Deine Schuhe?' ‚Jip, ich finde dann, dass sie einfach nicht schnell genug gehen und es fühlt sich gut an

Meisterin im Minirock

sie anzuschreien, obwohl sie dadurch nicht schneller werden, weil das von mir abhängt, aber das Anschreien hilft mir trotzdem!' Was hat mein Sohn für eine tolle Idee, ich ertappe mich beim Lächeln während ich dieses denke.

Sie beenden ihr Frühstück, gehen in die Schule und rufen noch schnell nach oben: ‚Tschüss Papa'. Dann ein Hauch von einem Kuss auf meine Wange ‚Tschü Mumm' und weg sind sie, glücklich wie ein Schmetterling.

<Aus der Schule höre ich, dass an diesem Tag die Kinder sehr hilfsbereit und kooperativ waren und den Lehrern geholfen haben ein paar Kindern mit Lernschwierigkeiten beizustehen. Wunderbar.>

Mein Mann kommt runter und ich erzähle ihm über meine schlechte Laune und entschuldige mich schon vorher falls ich etwas Verkehrtes sagen oder tun werde, oder falsch reagiere… Er nimmt mich in seine Arme und drückt mich fest, während er mir versichert dass er mich trotzdem liebt. Mittlerweile fühle ich mich schon viel, viel besser. Und alle Anderen auch und ich glaube nicht dass ich dir noch erzählen brauche, wie es auf der Arbeit meines Mannes zuging…

Du hast es verstanden, stimmt's?

Bitte, sei dir bewusst, dass ich nicht Sohn und Tochter habe; dass dieses Beispiel in der Ich-Person geschrieben steht, aber die Ich-Person fiktiv ist und ich nicht mich selbst als Beispiel genommen habe. Aber so verstehst du, was ich dir erklären möchte.

Was wir mit unseren Emotionen machen, ist wichtig!!! Immer!!!

Meisterin im Minirock

Du kannst nicht vorbeugen Angst zu haben, oder eifersüchtig, wütend, neidisch oder was auch eben zu sein. Aber du kannst entscheiden was du damit machst; wie du damit umgehst.

Jetzt möchte ich nicht, dass du denkst, dass *ich* nicht weiß was es zum Beispiel bedeutet, eine 13-jährige Tochter zu haben die, sowie es scheint, fast jeden Morgen mit schlechter Laune aufwacht; denn ich kenne das. Und dass es vielleicht nicht möglich ist so nett zu sein wenn ein Teil der Familie auch eine miese Laune hat... wenn das so ist, ignoriere sie einfach und vermeide Auseinandersetzungen, weil *das* nur zu noch mehr Uneinigkeit führen wird. Beiße dir auf die Zunge, oder, wenn du nicht mehr kannst, heule einfach los, halte nicht zurück, denn das ist das Beste. So zu sein wie du bist, ist immer das Beste. Damit meine ich, dass, wenn du dich mies fühlst oder verzweifelt, du das dann ausdrücken kannst, aber sei vorsichtig damit, deinen Emotionen freien Lauf zu lassen, da diese schnell die feuerspuckende Drachen werden können, die schließlich auf dich zurück spucken werden.

Lass uns mal einen Blick ins Krankenhaus werfen. Da gibt es diese liebevolle Krankenschwester die immer mit diesem wunderschönen Lächeln auf dem Gesicht die Zimmer betritt während sie die Patienten freundlich begrüßt. Den Tag an dem sie da ist haben die Patienten weniger Schmerzen, weniger Beschwerden. Ihre freundliche Präsenz reicht dafür aus.

So wie du siehst, nur dieses kleine Beispiel zeigt schon, wie anscheinend kleine Dinge gar nicht so klein sind!
Egal was wir tun oder denken, es hat immer ein Weiterklingen in die Welt und deswegen hat es eine Auswirkung auf Alles.
O ja, was *du* tust wirkt sich auf die ganze Welt aus.

Meisterin im Minirock

Oft, wenn ein Mitglied meiner Familie wütend war und ich fühlte, dass der Grund hierfür schon „abgelaufen" war, bat ich ihn oder sie zu lächeln. Da war immer Widerstand.

Nachdem ich dann gefragt habe, ob sie/er wirklich meinte, das Recht zu haben in dieser miesen Laune zu bleiben und die Stimmung für alle damit zu verderben statt sich selbst besser zu fühlen, dann kam meistens nach einer Weile das Lächeln.
Erinnere dich an das wenn du dich negativ gestimmt fühlst, egal ob böse, neidisch oder was auch eben, und lächle... denn du hast kein Recht negativ zu bleiben, plus... es fühlt sich sooo viel besser an wieder positiv zu sein.

Was ein Lächeln tut in unserem ganzen System ist sehr kraftvoll; nur dieses hochziehen der Mundwinkel... beweist das, dass es Energiepunkten gibt, die, wenn aktiviert, eine Veränderung hervorrufen können? (☺) Du entscheidest.

Das ist wirklich etwas Wunderbares. Denn nach diesem Beispiel wirst du hoffentlich fest entschlossen sein freundlich, liebevoll, hilfsbereit und so weiter, zu sein. Und das geht dann auch in die Welt. Das wird sich auf jeden auswirken. Du wirst begeistert sein, dass du Gutes tust.

Meisterin im Minirock

Meisterin im Minirock

Kapitel 3. Eine Rote Rose sein

Wie sieht es mit Neid aus?

Wirst du mir erlauben dir noch ein paar Beispiele zu geben, damit du sehen kannst wo, in welchen Situationen und auf welche Art, wir unsere kleinen Dynamit-Bomben werfen?

Hast du es mal erlebt, dass eine(r) deiner Freunde oder Bekannten dich mal angesprochen hat über einen Lehrer oder Therapeuten und sagte: Die ist wirklich gut, aber sooo stark!!

Realisierst du dir, was da passiert ist? <...aber sooo stark!!...> Was für unterschwellige Message wird hier mitgegeben? Diese Person versucht dich glauben zu lassen, dass dieser Lehrer(in) oder Therapeut(in) nicht der Mensch ist, zu dem du gehen sollst, weil sie/er *zu* stark rüber kommt. Dieser Kommentar kommt normalerweise aus der Neid-Ecke.

Oder was hältst du von diesem (passiert oft unter Frauen) ‚Mein Gott, siehst du müde aus!"

Hör mal den Unterschied: ‚Hi du, schön dich zu sehen. Sag mir, alles gut mit dir? Hast du letzte Nacht nicht so gut geschlafen?'

Das, was in dem ersten Fall passiert, ist, dass die Person sich nicht traut dir zu sagen, das sie dich nicht mag oder dich beneidet, sie dich unbehaglich fühlen lassen will. Dadurch, dass sie feige sind, geben sie vor nett zu sein, setzen aber einen Stachel ein, während in dem zweiten Fall wir das Mitgefühl ‚raus hören' können, also ist da Liebe und wir fühlen uns nicht beleidigt. Wir können eine Menge ab wenn Liebe da ist...

Meisterin im Minirock

Noch einer: Wenn ich dein Alter hätte, hatte ich all diese Falten noch nicht...
Oder: Interessante Farben dein graues Haar und dieses gefärbte, wie sich die beide Haarfarben vermischen...

Oder zu jemand, die Schuhe mit hohen Absätzen trägt: ‚Ich trage immer flache Schuhe; die sind so viel besser für den Rücken...'
Hier haben wir Neid kombiniert mit Vortäuschung bescheiden zu sein, was dann falsche Bescheidenheit ist.

Unsere Gesellschaft ist voll von falscher Bescheidenheit. Lass mich noch mal ein Beispiel geben:
Ein großes Bankett, der Raum voll mit Menschen und ich bin auch da als eine von hundert Leuten. Erst gibt es einen Vortrag und danach dann zu Essen. Es ist oft so, dass viele Leute wegen dem Essen kommen und nicht wegen dem Vortrag. So bald der Vortrag zu Ende ist kündigt jemand an: ‚Das Bankett ist geöffnet'.

Niemand bewegt sich, obwohl alle zu gerne auf das Essen losstürmen würden. Niemand will die/der Erste sein einen Teller zu nehmen, also, mache *ich* das. Was krieg ich von den Leuten zu hören? Zwar nicht von allen, aber von vielen und meistens von den Gleichen: ‚Immer bist du diejenige, die sich als erste am Essen bedient'.

Das ist natürlich schon ein bisschen schmerzhaft und ich könnte beleidigt sein, aber in diesen Fällen antworte ich dann: ‚Nein, ich war die erste die den Bann gebrochen hat, denn in Wirklichkeit wolltet ihr alle dahin rennen, denn wofür ihr kommt ist ja das Essen und ich mach es bloß einfach für euch'! Also gehe ich dahin, nehme mir einen Teller und der Bann ist gebrochen und jeder beeilt sich das Gleiche zu machen, ich trete einfach zurück und

Meisterin im Minirock

bleibe da, wartend und oft bin ich dann die letzte die sich tatsächlich das Essen nimmt (*das* fällt aber dann keinem auf…) Das ist aber nicht der Punkt. Ich bekomme negative Kritik, Vorwürfe.

Warum?

Weil ich auffalle, ich mische nicht mit und verschwinde nicht in der Menge.

Kannst du die unterschwellige Hässlichkeit in diesen Ausrufen spüren?

Und ich versichere dir: All diese Kommentare kommen aus Neid.

Ich bin irgendwann nach Portugal geflogen, kam an in Lissabon, und alle Menschen waren ziemlich dunkel gekleidet: Sogar die Straßen, die Gebäude, alles so ein bisschen fad… ich kam an in der Kleidung die ich normalerweise gerne trage, voller Farben, was dazu führte, dass die meisten Menschen zu mir hin schauten.

Interessanterweise schauen die Menschen in diesem Land gar nicht mit einem neidischen Blick. Sie kamen einfach zu mir und schauten sich mich von unten bis oben an, sowie Kinder das machen und dann, wenn sie alles gesehen hatten, gingen sie wieder; manche haben gelächelt, andere nicht, aber nicht ein einziger böser Blick, nur neugierig.

Doch wenn ich Großbritannien oder Deutschland besuche, schauen die Menschen als ob sie mich anschreien würden: ‚Hey, du da, du fällst auf; sei eine graue Rose so wie wir; wir sind alle graue Rosen'!

Meisterin im Minirock

Oder sie schauen so, dass sie sagen wollen, dass ich gar nicht da sein soll, als ob ich eine Beleidigung für ihre Augen wäre. Und meine innerliche Haltung ist dann: ‚nein, ich bin eine rote Rose und falls dir das nicht gefällt, brauchst du ja nicht zu mir hin zu schauen!' Natürlich schicke ich ihnen keinen heraus-fordernden Blick; normalerweise lächele ich sie nur freundlich, aber direkt, an.

Es ist aber leider so, dass in der Gesellschaft, die wir kreiert haben, viele Menschen so sind, nicht nur einer oder zwei. Ich bin mir auch ziemlich sicher, dass jeder von uns, irgendwann, diese Art von Benehmen zeigt. Trotzdem, wenn du den Neid so einer Person bemerkst: Sei groß, sei riesig. Ich bin riesig und egal was du (egal wer du bist) tun wirst: das wird an diesem Fakt nichts ändern; das wird *mich* nicht ändern! Mit anderen Worte: Bleib dir selbst treu, ohne hart zu werden, aber auch ohne dich zu verstecken.

Ich komme nicht in diese Länder um zu streiten. Ich komme zu diesen Ländern um etwas zu geben und wenn du es nicht haben willst, dann nimm es einfach nicht an.

Warum können wir nicht einfach einsehen *ich bin ich*, und das ist genau gut so und *du bist du* und das ist auch genau richtig!! Aber dort, wo wir uns selbst nicht akzeptieren können, werden wir es sehr schwer finden Andere zu akzeptieren und sie rote Rosen sein zu lassen.
Es gibt Tausende von solchen kleinen Details in unserem Alltag und ich möchte dich wirklich fragen dich selbst mal gründlich anzuschauen und zu sehen wie wundervoll es ist FreundIn einer roten Rose zu sein, sogar wenn du eine winzig kleine graue Margerite bist.

Und wie toll es ist, einer roten Rose nah zu sein.

Meisterin im Minirock

Es ist wunderbar FreundIn jemanden Großes zu sein. Warum dies nicht lediglich zu genießen... Es ist so einfach. Warum müssen wir immer wieder zu diesem Platz des Neides gehen?

Leider finden wir es in unserem täglichen Leben trotzdem sehr schwierig, jemand neben uns sitzen zu haben, die/der die ganze Zeit recht hat, weil wir dann anfangen unsere innere Stimme zu hören, die uns ständig anschreit: ‚du liegst falsch, du hast unrecht'.

Das passiert aber *weil* wir endlich jemand begegnen, die/der *nicht* etwas Verkehrtes macht. Wenn wir wachsen wollen, kann das ein wunderbares Geschenk sein. Nimm die rote Rose so wie sie ist, mit schönen Blütenblättern und ohne ausschließlich nach den Dornen zu suchen.

Wo kommt der Neid aber her? Von einem Platz des Mangels; von einem Platz innerhalb unseres Selbst, wo es sagt dass wir nicht gut genug sind und deswegen können wir es nicht leiden wenn Andere gut, mutig, anders usw. sind, da das für uns eine Bedrohung darstellt, weil wir selbst uns ja nicht trauen anders zu sein.

Es hat sogar eine doppelte Auswirkung: Erstens verhalte ich mich so damit der andere sich ein bisschen schlecht fühlt, was von diesem Platz in mir kommt wo ich mich nicht wohl fühle mit *mir*. Das an sich macht schon, dass ich mich minderwertig fühle... eine doppelte, negative Auswirkung. (es kann sein, dass du diese paar Sätze ein paar Mal lesen musst, um sie gut zu begreifen) Durch dieses nicht nur zu fühlen, sondern es auch noch in die Welt zu setzen, schöpfen wir einen Platz, der gerade nicht mehr so schön ist wie er vor einigen Momenten noch war.

Es gibt viele von diesen kleinen „Ego-dingen" die wir tun.

Meisterin im Minirock

Geben oder Schenken

Lass uns über „Geben" oder „Schenken" reden.

Es gibt viele Wege wie man geben oder schenken kann; oft ist die Art wie Menschen geben, entstanden aus Gewohnheit, Brauch oder Muster.

Da jede(r) jedes Jahr Geburtstag feiert (oder auch nicht feiert, den trotzdem hat), ist es weit verbreitet dass, wenn dein Geburtstag kommt, du Gäste einlädst. Und auch ist es sehr verbreitet, dass diese Gäste dir dann Geschenke mitbringen.

Ich bin mir sicher, dass ihr alle vertraut seid mit der Situation, in der ihr Geschenke bekommen habt, die nachher dann in einer Schublade oder irgendeiner Kommode verschwinden, weil sie überhaupt nicht euerm Geschmack entsprechen. Die tote Schublade, die tote Kommode; du wirst in diese Schubladen nicht hineinschauen bis jemand anders Geburtstag hat, jemand der dir nicht besonders nah steht, dich aber trotzdem eingeladen hat und… du dich verpflichtet fühlst ein Geschenk mitzubringen.

Ihr kennt bestimmt alle dieses Gefühl 'oh Gott, dieses Geschenk, was mach ich da nun mit?!!' Wenn du dann nicht sofort jemand findest, dem du das geben kannst, kommst du irgendwann zu deiner toten Kommode und denkst: ‚Wer in aller Welt hat mir dieses Geschenk gegeben??' Vielleicht findest du, dass es genau passt zu dieser Person (die dir nicht so nah ist) die dich zu ihrem Geburtstag eingeladen hat, aber was, wenn gerade diese Person *dir* das geschenkt hatte?

Es ist besser es gar nicht so weit kommen zu lassen!

Meisterin im Minirock

Falls du ein Geschenk bekommst, das nicht für dich ist, kannst du sagen: ‚Das ist ja sooo lieb, dass du an mich gedacht hast und mir ein Geschenk mitgebracht hast, aber ich muss ehrlich sein: Für mich ist dein Hier-Sein toll und auch genug; das Geschenk passt nicht zu mir, was aber nichts macht, aber deswegen gebe ich es dir zurück'.

Es kann sein, dass du, während du dieses liest, das immer noch ein wenig unhöflich oder lieblos findest, aber lies weiter, dann siehst du warum zurückgeben besser ist.

Ich gebe ein schönes Beispiel: Vor ein paar Wochen war ich in Stuttgart und vor 2 Jahren hat die Tochter meiner Gastgeberin ihr 2 Orchideen hinterlassen, weil sie nach Kanada ausgewandert war. Ich sah 2 in ihrer Küche auf der Fensterbank und noch 2 andere im Wohnzimmer, also fragte ich sie: Hanna(Name geändert), magst du Orchideen? Ihre Antwort war wirklich interessant; es war nämlich ein sehr starkes ‚NEIN, ich mag Orchideen gar nicht denn den größten Teil des Jahres sind sie nur langweilige, hässliche Pflanzen und nur eine kurze Weile kriegen sie Blumen um danach wieder langweilige Pflanzen zu sein'. Ihre Stimme war, während sie so sprach, recht heftig, vehement.

Hanna wohnt in einer Wohnung im 7. Stock. Sie kann die Pflanzen nicht hinunter in den Keller stellen, da sie diese Pflanzen genauso wässern muss in ihrem langweiligen Stadium sowie in ihrem wunderschönen, was dann heißen würde, dass sie die ganzen Treppen mit einem Wasserkanister oder ähnlichem runter und wieder hoch laufen müsste, da sie keinen Aufzug im Gebäude hat. Dafür so viel Treppenlaufen müssen ist eine ziemliche Qual, besonders weil sie keine junge Frau mehr ist.

Meisterin im Minirock

Jetzt kommt aber der Hammer: Einige Monate später bin ich wieder da und dann gab es *noch* mehr Orchideen! ‚Hanna, ich dachte, dass du keine Orchideen mochtest!!' 'Nein, tu ich auch nicht, aber die Leute, die zu meinem Geburtstag kamen, gaben mir als Geschenk Orchideen'.
Seit dem letzten Mal als ich da war hatte sie noch 7 Orchideen dazu bekommen, also fragte ich dieses Mal…'hast du angefangen, endlich Orchideen zu mögen?' Ihre Antwort war: ‚nein, aber meine Tochter ist zurück aus Kanada und hat mir noch mehr Orchideen mitgebracht…'
Dabei…mochte Hanna die ganze Zeit keine Orchideen…
Nie hat sie jemand hier etwas davon gesagt außer mir, weil ich gefragt habe.

Was passiert wenn du auf dieser Art lebst? Was tust du genau wenn du diese Geschenke akzeptierst?...

Dann bist du ständig mit negativer Energie beschäftigt.

Den meisten Menschen ist dies natürlich nicht bewusst, noch sind sie sich der Angst bewusst, die sie so-genannt höflich sein lässt; die Angst vor einer, möglicherweise negativen, Reaktion auf den Satz: ‚Ich mag dein Geschenk nicht'. Sie haben Angst vor der möglichen Lawine, die auf sie zurück kommen könnte. Auch realisieren sie sich nicht, was für Energie sie produzieren, sowie in Hannas Fall, die während dieser 2 Jahre eine große Menge an negativer Energie generiert hat. Sie mag keine Orchideen, also jedes Mal, dass sie auf die Pflanzen schaut, schaut sie mit Abneigung; sie denkt negativ über die Menschen weil sie ihr etwas geschenkt haben, was sie gar nicht mag; das gleiche mit ihrer Tochter die ihr noch mehr gebracht hat von dem was sie hasst; sie hasst es dass niemand zu verstehen scheint, dass sie keine Orchideen mag…

Meisterin im Minirock

Das ist ein tägliches Beispiel in dem viele Menschen gefangen sind.

Lass mich noch mal ein Beispiel geben: Denk einfach mal an eine Situation in der du jemand auf der Straße begegnest, der dir was Fieses sagt und du gehst nach Hause und nimmst dieses mit... du wirst dich auf dem ganzen Nach-Hause-Weg unwohl fühlen und sogar noch später zu Hause. Statt diesem Menschen gesagt zu haben: ‚Das war *nicht* nett!!' und weiter geht es: Denn dann ist es, bevor du zu Hause ankommst, längst weg. Wenn diese negativen Sachen in deinem System bleiben, fangen sie an zu verfaulen, genau wie Nahrungsmittel.

Falls du den ganzen Tag festes Essen (Brot, warme Mahlzeit) essen würdest, und danach Obst, wird das Obst anfangen zu verfaulen.

Obst braucht in den Gedärmen zu verdauen und nicht auf eine Mahlzeit drauf im Magen; da wird es anfangen zu gären und dann kommt es wieder hoch. Es wird uns Unbehagen bereiten.

Mit dieser Art von Energie geht es ähnlich: Wenn wir sie aufladen auf das, was sich nicht gut anfühlt, wird es auch anfangen zu gären; und dann kommt es auch wieder hoch und bereitet uns Unbehagen.

Aber versteh mich bitte nicht falsch: Ich meine nicht, dass du jetzt jeden anbellst, der dir etwas sagt, was du nicht magst. Die Idee ist, dass du erst nimmst was kommt, was auch eben das ist, dann deine emotionale Reaktion spürst, und dann, ohne emotional zu reagieren, sagst: ‚Das mag ich nicht'. Denn wenn wir einfach darüber hinweg gehen, erschaffen wir Karma für uns beide und die Welt ist ein bisschen ein weniger guter Platz.

Meisterin im Minirock

Das ist nicht was wir wollen oder?... wir wollen diese Welt zu einem besseren Platz machen für uns alle!!
Wenn du auf eine Art leben willst, die beiträgt diese Welt in eine bessere Welt zu verändern, nicht nur für dich, sondern für alle Lebewesen, dann bist du ein spiritueller Mensch!!
Du brauchst keine wandernde Bibliothek spiritueller Werke zu sein.

Karmische Kette

Wenn du mir jetzt erlaubst, möchte ich dir eine ganz andere Situation schildern:

Stelle dir eine Familie vor in welcher der Opa Rechtsanwalt ist; Opas Sohn ist auch Rechtsanwalt geworden, und der hat zwei Kinder, einen Sohn und eine Tochter. Der Vater ist fest entschlossen dass diese Beiden auch Jura studieren werden; er will dass sie auch Rechtsanwälte werden... aber... *sie* will Tänzerin werden... Berufstänzerin. Ihr Vater sagt ihr dass das definitiv nicht geht! Es ist sogar verkehrt das zu wollen!
‚Was ist wenn du nachher 29 bist? Dann bist du zu alt zum Tanzen, deine Kariere ist vorbei, Ende!! Und dann was? Denkst du, dass du dann genug Lehrlinge finden kannst zum Unterrichten? Wirst du das überhaupt mögen? Du gehst auf die Uni, Schluss aus, Ende im Karton!!'

Der Sohn möchte gerne Bauer werden, aber sein Vater findet das dumm; eine Verschwendung seiner Intelligenz. Nach der Predigt, die sein Vater seiner Schwester gegeben hat, lässt er sein Vorhaben fahren und geht zur Universität. Er studiert 7 Jahre und während dieser Zeit verschlechtert sich allmählich seine

Meisterin im Minirock

Gesundheit. Aber... nach 7 Jahren ist er Rechtsanwalt; schwach, blass, in schlechter Gesundheit, aber er ist ein Rechtsanwalt. Seine früheren Freunde erkennen ihn nicht als er ins Dorf zurück kommt, aber sein Vater ist stolz auf ihn... auf den Sohn, der sein richtiges Leben aufgegeben hat für ein Scheinleben, das Leben seines Vaters.

Solche Situationen kommen so oft vor und haben dafür gesorgt, dass wir in unserer Welt 2 verschiedene Sorten Menschen haben: Eine Sorte wovon es viele gibt und eine Sorte wovon es sehr, sehr wenige gibt... Die erste Sorte nenne ich die graue Rosen, und die zweite Sorte die rote Rosen.

Aber lass uns jetzt mal zu der Tochter zurückkommen. *Sie* hat nicht gehorcht, sie ist Tänzerin geworden. Sie ist berühmt, weil sie eine sehr gute Tänzerin geworden ist; sie ist glücklich, strahlend, lebendig. Ihr Bruder ist nicht glücklich; er ist dem Konditionierungsmuster der Gesellschaft gefolgt; er ist eine graue Rose geworden. *Sie* ist eine rote Rose geworden; wahrscheinlich war sie das schon immer...

Das heißt nicht, dass sie es einfach hat. Viele Menschen beneiden sie; manche wegen ihrem Talent, einige weil sie ihren freien Willen benutzt, andere wegen ihrem guten Aussehen usw... Sie lässt sich aber nicht korrumpieren durch die Angst nicht durch den Rest der Welt geliebt zu sein.

Ihr Bruder hingegen schon; er ist nicht glücklich, seine Gesundheit ist erbärmlich, er lebt nicht das Leben dass er möchte, aber, er hat keinen Neid von anderen zu leiden; er hat eine ganze Menge Leute womit er regelmäßig verkehren kann ohne dass es zu großen Unkonkordanz kommt, jedoch ist keiner dabei, dem er erzählen könnte, was der wirkliche Grund ist warum er so depressiv ist.

Meisterin im Minirock

Rote Rosen und graue Rosen

Das passiert nämlich weißt du, dass, wenn du entscheidest eine graue Rose zu sein kannst du dich zwar frei bewegen ohne große Reibung, du wirst dich dagegen nie wirklich lebendig fühlen. Wenn du entscheidest nicht so zu leben, wie du wirklich willst, wirst du nicht wirklich *leben*, und deswegen wirst du anfangen Menschen nachzutragen, wovon du das Gefühl hast, dass sie dich hindern an diesen freien Art von Leben, und... auch die Menschen, *die* genau so leben wie sie wollen. Du wirst sie beneiden und nicht haben wollen dass sie so „rot" sind, das heißt dass sie sich trauen so aufzufallen, so anders zu sein als andere. Da du gewählt hast gleich oder ähnlich zu sein wie alle anderen, kannst du es nicht tolerieren, dass es Menschen gibt die besonders sind. Tief in deinem Herzen willst du auch besonders sein.

Soll ich dir jetzt mal ein Geheimnis verraten?

Du *bist* besonders!

Möchtest du wissen warum ich über all dieses rede? Tief drinnen in deinem Körper und deiner Persönlichkeit ist dein wirkliches Selbst, und du, dieses wahre Wesen, ist eine rote Rose! Vielleicht ist es gerade in diesem Moment noch ein bissl rosa oder rosa-ähnlich. Doch das Potential eine rote Rose zu sein ist genau da, in jede(r)(m) von euch. Das wirkliche Selbst sehnt danach rauskommen zu dürfen, sich selbst zu verwirklichen.
Um diesem vollen Potential gerecht zu werden, musst du anfangen mit dem was du wirklich tun willst; du brauchst all deinen Mut zu sammeln und dann einen Schritt vorwärts zu treten, sagend: ‚Dieses ist was ich will, und ich setzte mich voll dahinter.' Mach das, was du wirklich tun willst, dein Ziel.

Meisterin im Minirock

Nichts anderes ist es wert sich zu widmen, nicht mal seinem Gatten, Gattin oder Kinder.

Jetzt ist eine rote Rose zu sein natürlich eine ziemliche Herausforderung. Du wirst mit Menschen konfrontiert werden, die dich beneiden werden um deine Ausstrahlung, weil du gerade stehst (für dich).

Gegenwärtig ist das nicht schlecht, denn es hilft dir einen Einblick zu bekommen in was Neid ist; auch dein eigener Neid, da alle Menschen Neid in sich tragen.

Neid ist ein Tabu; man redet nicht über Neid. Den Menschen macht es nicht viel aus wenn sie hören, dass sie eifersüchtig sind, aber wenn sie hören dass sie neidisch sind... Sie würden ihre Eifersucht vielleicht zugeben, aber sie werden es höchstwahrscheinlich für undenkbar halten, ihren Neid einzugestehen. Jedoch, wenn man das zugeben kann ist man schon einen anderen Mensch, denn dann kann man anfangen zu schauen, was Neid tut, wo es her kommt und... ob man tatsächlich Grund oder Bedürfnis zu Neid hat...

Es wird dich freimachen, dieses Tabu zu durchbrechen durch darüber zu reden, und das wird dir ein Lächeln auf deinem Gesicht bringen (wofür du dann eventuell wieder beneidet wirst☺); Lächeln verursacht körperliches und emotionales Wohlbefinden.

Meisterin im Minirock

Meisterin im Minirock

Kapitel 4. Kleine Sachen in einem Großen Kontext

Was ist Deine Bestimmung?

Spiritualität ist nicht eine ganze Menge wissen, noch hat es etwas zu tun mit Zen Meister werden wollen; es ist nicht zu einem Guru fahren und ‚ja' und ‚Amen' sagen, noch ist es ein Guru zu werden.

Menschen, die diese Tatsachen begreifen, sind die Art von Menschen, die wirkliche Mensch-heit, die wissen wo sie stehen in ihrem Leben und dass sie große Persönlichkeiten sind, wirklich enorm groß.

Und wenn du diese Größe nicht lebst, bist du nicht demütig: dann bist du arrogant.

Weißt du warum?

Weil du denkst, es besser zu wissen als die Supreme Energie, die, zusammen mit dir, dich geschöpft hat. Ich rede jetzt über die Energie wo du her kommst, wovon du Teil bist. Hast du deine Dienstbarkeit an der Welt denn total vergessen?

Wir alle dienen etwas; wir alle sind für irgendetwas in dieser Welt brauchbar. Du wirst herausfinden müssen, was deins ist hier zu tun, denn du bist nicht nur hier für dich selbst; das wäre sehr unlogisch und sehr egoistisch. Wenn diese Supreme Energie (nenne sie Gott wenn du willst) und du dieses gewollt hätten, würdest du irgendwo auf einer abgelegenen Insel, ganz alleine, niedergesetzt sein... aber das ist nicht passiert. (Ich glaube nicht an Gott als Personifizierung von irgendetwas, also denke nicht, dass ich ihn sehe als ein großer Kerl mit langem Bart der Entscheidungen trifft und bestraft...

Meisterin im Minirock

Doch ist Gott ein guter Name da wir den alle verstehen).

Ich komme zurück auf das Wort Dienstbarkeit: vielleicht kommst du in diese Welt und hast keine Ahnung was du hier zu lernen hast und was du hier tun sollst, geben solltest? Es gibt immer Beides und du hast auch selbst ‚da oben' (wo du warst bevor du zur Erde kamst), und noch nicht inkarniert warst, entschieden, dass du jemand wirklich großes und großartiges sein wirst, jemand der hervorstechen wird, zum Beispiel im Malen.

Und dann kommst du in diese Welt, in diese Gesellschaft. Du wachst auf, du hast, ‚leider', Eltern und so wirst du ein Produkt von deiner Umwelt und deiner Umgebung und du lernst dass malen nicht gut ist. Mahlen kann dich eigentlich nicht zu einem Lebensunterhalt verhelfen.

Male nicht, mach etwas Vernünftiges. Werde Lehrer oder Rechtsanwalt wenn du kannst oder fange mindestens an in einer Bank zu arbeiten.

Viele Menschen denken leider so...

All diese Menschen, die nur einer Arbeit nachgehen um Geld zu verdienen, sind nie wirklich befriedigt, und übersetzt heißt das, dass sie auch nie genug Geld haben, also wird dieser Mensch weiterhin nach Fortschritt und Steigerung in anderen Jobs Ausschau halten oder auch innerhalb dem, den er hat, um mehr Geld zu verdienen. Der Mensch hat angefangen sich zu identifizieren mit den Werten, die die Gesellschaft ihm aufgezwungen hat. Da der wirkliche Grund für die Unzufriedenheit im inneren liegt, im nicht-tun was sie/er wirklich tun möchte, kann Zufriedenheit nie entstehen, egal wie viel Geld dieser Mensch

Meisterin im Minirock

verdient. Es kann sogar passieren, dass, wenn diese Person entlassen wird oder Konkurs macht, sie darin Grund findet sich selbst umzubringen. Geld ist das Ziel ihres/seines Lebens geworden; der Job der Weg dieses Ziel zu erreichen...

Wenn du zu diese Welt kommst, kommst du für etwas, und die Idee ist, dass du dich diesem etwas widmest.

Ich kam, um der Menschheit zu helfen, das heißt, dir zu helfen. Wenn ich mich dem nicht widme werde ich mich miserabel fühlen. Sobald es mir nicht mehr gefällt werde ich etwas anderes tun.
Ich liebe es hier zu sitzen und für dich dieses Buch zu schreiben. Ich liebe es vor eine Gruppe Menschen zu stehen um einen Vortrag zu geben. Ab dem Moment, dass mir das nicht mehr gefällt, werde ich meine Arbeitsweise ändern damit die Leidenschaft in meiner Arbeit gewährleistet ist. Ich habe das Gefühl, dass wenn ich etwas anderes tun möchte, ich damit auch mein Brot verdienen könnte, solange es etwas wäre, das ich mit der gleichen Leidenschaft angehen würde. Ich bin mir sicher, dass wenn wir das Richtige tun, alles was wir brauchen zu uns kommt. Dies ist nicht nur ein Gefühl. Dies ist meine Erfahrung während meinem ganzen Leben.
Es macht nichts was du tust und es macht wirklich nichts aus ob du damit Geld verdienst. Jeden Tag machen wir den Fehler zu meinen Geld zu brauchen zum Leben. Was brauchen wir zum Leben?

Ein Dach über dem Kopf, Wärme damit wir nicht frieren, Kleidung zum anziehen, Nahrungsmittel zum Essen, Menschen um uns herum die wir lieben und die uns lieben, und Frieden.

Das ist was wir brauchen.

Meisterin im Minirock

Wenn du das alles hast, und du kannst wirklich tun was du willst, Arbeit die dich glücklich macht, warum würdest du mehr haben wollen?

Aber die Gesellschaft sagt dir dass du mehr Geld brauchst. Deshalb wenn jemand anders mehr Geld hat, tut er es auf die Bank und bekommt Zinsen. Ist das nicht verrückt? Für mich ist das absolut geisteskrank. Was für Grund kann es geben mehr Geld zu erschaffen ohne etwas dafür zu tun? Wenn ich das Geld bekomme, wer wird dann benachteiligt? So können wir nicht anständig leben, weil wir ein System erschaffen haben, das nicht wirkt.

Übrigens, in einer Gesellschaft, in welcher jeder die Möglichkeit hat ein Leben in Würde zu leben, haben alle Schichten dieser Gesellschaft ein besseres Leben, sogar die ganz Reichen. Es wird weniger Kriminalität geben weil dafür kein Grund vorhanden ist... alle haben genug zu essen, genug zum Kleidung erwerben, ein Dach über den Kopf zu besorgen, einen Kamin oder Ofen zum wärmen und eine Beschäftigung womit sie sich wohl fühlen.

Spirituell Sein

Wir sind das System und das vergessen wir. Das System ist nicht etwas da drüben; das System sind du und ich und der ganze Rest von uns. Jedoch haben wir ein System erschaffen in welchem wir lernen zu lügen, *nicht* die Wahrheit zu erzählen. Wir haben ein System entwickelt in welchem es fast unmöglich ist zu überleben wenn wir nicht die Gesetze betrügen, die wir erschaffen haben...

Wenn wir in unserem Alltag kleine Bisschen verändern, zum Beispiel dass wir die Haltung annehmen, das zu sagen was wir

Meisterin im Minirock

wirklich meinen und zu meinen war wir sagen, verändern wir schon etwas. Denn dann sind wir nicht etwas anderes als das was wir sagen. Denn wenn wir nicht klar und wahrhaftig reden können, wäre es besser gar nichts zu sagen, da wir sonst nicht das *darstellen* was wir wirklich *sind*.

Prüfe wenn du redest: wann gehe ich den richtigen Weg und bin ich freimütig und offen; warum sage ich dieses dieser Person?!
Wenn ich dir etwas sage muss ich das meinen, doch soll ich nichts sagen dass eine unterschwellige Mitteilung hat was ich allerdings nicht in Worten ausdrücke; hier soll ich sagen was ich meine oder ganz meine Klappe halten.
Wenn ich nur die halbe Nachricht mitteile, bedeutet das, dass ich manipulieren will. Manipuliere nicht, sage: ‚ich mag es nicht was du machst' oder was auch eben die unterschwellige Mitteilung war die du nicht gesagt hast. Es ist nichts schlimmes dran etwas nicht zu mögen.

Lass uns bloß entscheiden die andere Person nicht gleich nicht leiden zu können, sondern eh neutral zu bleiben. Das heißt nicht, dass du alle Menschen magst. Du brauchst nicht jeden zu mögen... oder möchtest du gerne jeden mögen?

Das heißt nicht, dass dein nicht-mögen nicht ok ist. Das ist der Unterschied in dieser Geschichte.
Es gibt kein gut oder schlecht in mögen oder nicht-mögen.

Wenn jemand die Person ist, die nicht gemocht wird, sagt das über diese Person nichts aus. Es sagt etwas über dich aus, über dich die/der diese Person nicht mag.
Die Chemie zwischen dir und dieser Person passt für dich nicht.

Meisterin im Minirock

Das ist alles was es aussagt. Mehr sagt es nicht. Falls ich sagen würde: ‚Ich mag nicht was du jetzt tust' sagt das nichts über dich. Es sagt etwas über *mich*! Es sagt, dass *ich* etwas nicht mag, nicht dass das, was *du* tust, verkehrt ist.

Dieses passiert im Alltag immer wieder mit so vielen Sachen. Wir projizieren, projizieren und projizieren nur so oft.
Und wir vergessen tatsächlich, dass alles was wir sagen und alles was wir denken gewöhnlich etwas über *uns* aussagt. Also kannst du besser mit Reden aufhören.

Es ist oft der Fall, dass es besser wäre, einfach die Klappe zu halten. Tritt mal zurück, und wirklich, wenn du jemand etwas zu sagen hast, versuch zu fühlen was du sagen wirst und spüre innerlich wie der Ausdruck deines Gesichtes hierzu aussieht.

Was passiert in mir... Wenn ich Wut in mir spüre soll ich kein Lächeln in meinem Gesicht haben, denn die Person, dich ich vor mir habe, wird sehr verwirrt sein und könnte dann zumachen wie eine Mauer, weil das was kommt nicht echt ist.
Dann soll ich versuchen zu erklären, dass ich mich wütend fühle, allerdings ohne Wut-Emotionen in meinen Worten. Es ist eine Frage des Vertrauens in die andere Person, dass sie entwickelt genug ist, um mein wahres Wesen aufzunehmen, um ihr nicht nur die Projektion des Produktes zu geben, die meine Persönlichkeit über die Jahre geworden ist. Auf diese Weise schaffen wir Vertrauen zwischen uns.

Wir können den Begriff –spirituell sein- beschreiben als das Tun, für das wir wirklich Leidenschaft empfinden und zu gleicher Zeit dabei korrekt zu leben. Das ist wirklich dienen.

Meisterin im Minirock
Es gibt nur Eine Energie!

Wir sprachen darüber jemanden zu bewerten. Es gibt aber etwas das noch wichtiger ist. Dieses Bewerten, worüber wir geredet haben, ist immer noch im direkten Kontakt, nicht wahr?

Aber, wenn ich schlecht über jemand rede, geht es, auf „unterirdischen Wegen" auch zu dieser Person, sogar wenn die Person gar nicht anwesend ist.

Das passiert, weil wir *nicht unterschiedliche* Energien sind. Ich bin nicht eine Energie, du bist nicht eine andere Energie... wir sind alle eben Energie. In der Art, wie sie sich manifestiert ist der Unterschied wahrnehmbar.

Wir sind aber alle die gleiche Energie, das heißt, dass wenn *ich* etwas tue, „es" vibriert; es erreicht die Person obwohl ich das nicht möchte.

Lass mich dir noch ein gleichartiges Beispiel geben: Unser Körper ist ein Organismus, der viele verschiedene Teile hat, jedes mit seiner Pflicht und Aufgabe.

So ist die Menschheit, ein großer Organismus mit jeder Person als einem Teil dieses Ganzen, jede mit einer anderen Aufgabe und Pflicht.
Jetzt finden wir vielleicht, dass wir jemand bestimmtes entsorgen sollten, weil sie/er ein Mörder ist. Lass mich diese Person vergleichen mit der obersten Fingerkuppe meines kleinen Fingers. Falls ich diese versehentlich abschneiden würde, würden die meisten Menschen sagen: ‚Kein Problem, das ist nicht so ein wichtiges Teil, du kommst auch gut ohne aus'.

Meisterin im Minirock

Was sie dann allerdings nicht wissen, ist, dass der Anfang des Dünndarmmeridians gerade hier an der Fingerspitze ist, genauso wie der Anfang des Herzmeridians. Dieses Abschneiden könnte in diesen 2 Organen für Störungen sorgen. Da jeder Meridian auch mit psychologischen Qualitäten und Prozessen verbunden ist, könnten wir auch innerlich aus dem Gleichgewicht geraten.

Wir wissen nicht was der Nutzen des Mörder ist, allerdings kann die Handlung des Mordens vielen Leuten die Augen öffnen, wie wichtig es ist a) unser System zu ändern; b) andere Menschen nicht zu verurteilen; c) nicht zu verletzen; d) nicht zu manipulieren; e) nicht jemanden auszubeuten, nicht mal mit Worten, da dieses eine verheerende Auswirkung haben kann.

Falls ich die Spitze meines kleinen Fingers abschneide, werde ich niemals mehr die gleiche sein.

Falls wir uns von dem Mörder befreien, wird die Menschheit nie mehr die Gleiche sein… (versuch jetzt nicht witzig zu sein durch zu sagen dass du gerade darauf hoffst☺)

Das heißt, dass wir über jemand, die/der nicht da ist, nicht negativ reden sollen, da die Energie dahin geht; da schon sofort *ist*. Noch sollten wir über eine Person etwas erzählen, wovon wir nicht wollen, dass sie das mitkriegt was wir sagen, da dies eine negative Auswirkung haben wird.

Also, wenn wir diese einfachen Dinge, die uns jeden Tag begegnen, korrekt tun, leben wir spirituell.

Und so sind wir wieder da wo wir angefangen haben: Deinen Alltag leben und es zu einer spirituellen Art des Lebens machen, ist

Meisterin im Minirock

etwas, was wir mit sehr einfachen Mitteln machen.

Wenn du eine spirituelle Person sein möchtest, solltest du dir realisieren, dass *es*, das Leben, sich nicht um dich dreht. Das bedeutet, dass du was eben du nur kannst, *erst* für dich tun wirst, damit du dann danach jedermann mitschleppen kannst Richtung Glück, Himmel, Nirwana, Erleuchtung oder was auch eben du es nennen willst.
Wenn du hiervon nur etwas für dich selbst beanspruchst, bist du gerade in die größte spirituelle Falle geraten, die es gibt. Falls du die Erleuchtung für dich suchst nur um der Erleuchtung willen, wirst du sie nie erreichen.

Aber, wenn du versuchst, die beste Person zu sein, die du kannst, nach korrektem Leben trachtend, einfach weil du ein Leben voller Liebe leben willst, wirst du glücklich werden; allerdings nur wenn du das tust um des Gutes-tun-willen, ohne zu versuchen, dein Karma zu lösen oder etwas anderes hierfür zu bekommen. Und auf diese un-egoistische Art, sich wohl und glücklich fühlend, wirst du verursachen, dass alle anderen sich auch wohl fühlen werden.

Die bedauerliche Wahrheit ist, dass mehr als die Hälfte der so-genannten spirituellen Menschen denkt, dass sie wichtiger sind als die, die (nach ihrer Sichtweise) nicht spirituell sind. Sie haben ein enorm großes Ego. Dazu müssen sie dieses Ego auch noch die ganze Zeit ernähren, dadurch, dass sie ihm massenweise Aufmerksamkeit geben.
Wenn du wirklich was für diese Welt tun willst, sorg dafür dass es nicht um dich geht; tue es selbstlos, damit du nicht in diese hässliche, spirituelle Falle trittst. Nur so wird es wirken, egal was du tust. Jetzt sei dir bewusst:

Meisterin im Minirock

Es ist wichtig, dich selbst anzuschauen, dich zu kontrollieren, aber sogar wenn du etwas falsch machst, Fehler machst, peitsche dich dafür nicht aus!! Das ist auch nicht spirituell sein. Gib dir selbst eine Chance, sei tolerant mit dir ohne *zu* freizügig zu sein.
Natürlich gilt das Gleiche wie wir uns verhalten zu anderen Menschen. Lass die Menschen frei, ihren eigenen Weg zu wählen und gib ihnen eine Chance.
Lass uns versuchen, mit einander, an und für eine bessere Welt zu arbeiten, nicht gegen einander. Sehe das Beste in den Menschen und arbeite *da*mit, und schiebe die Unterschiede in den Hintergrund. Gemeinsamkeiten zu finden wird die Veränderung manifestieren.
Es hat alles zu tun mit: Das tun was wir mögen; es geht darum eine rote Rose zu sein. Wenn wir das, was wir tun, von dem Platz der Liebe aus tun, können wir nicht verkehrt gehen.

Nimm sogar Ego nicht als etwas Falsches oder Schlechtes: Ego ist das Instrument, das uns gegeben ist, um rauszufinden wo wir uns ändern müssen. Es ist wunderbar zu sehen, dass, wenn wir unser Ego spüren, wir uns realisieren, wo wir tatsächlich handeln durch Muster aus der Vergangenheit, statt im Jetzt zu leben. Das Leben in der Gegenwart braucht ja gar keine von diesen „Spielchen".
Wenn wir unser Ego benutzen um zu sehen, was wir falsch gemacht haben, können wir es ändern und brauchen dieses Muster nicht zu verlängern.
Sei dir bewusst, dass negative Gedanken sehr menschlich sind. Es ist allerdings auch sehr menschlich, Dinge zu tun bei denen wir unsere Willenskraft einsetzen. Also können wir unsere Willenskraft einsetzen um positiv zu denken und das ist nicht nur eine Möglichkeit, es ist sogar wichtig. Es verändert nämlich das Leben der Person die dieses übt sowohl wie das Leben ihres Umfeldes.

Meisterin im Minirock

Wenn du mir erlaubst, dir Ratschläge zu erteilen wie man die Sache am besten angeht, kann ich dir folgende Ideen geben: Fang an mit den Qualitäten deines Charakters, die du wirklich gut findest und auch gut drin bist, noch mehr zu verbessern. Du wirst deine Fortschritte sehen und das ermutigt dich noch mehr. die nächste Aufgabe anzugehen. Ich empfehle nicht anzufangen mit den Sachen, die du als schlecht und schwierig empfindest, da du dann, falls du keine große Verbesserung spürst, Vertrauen verlieren könntest in deine eigene Fähigkeiten und wieder in alte Muster zurückfällst; es könnte sogar eine Depression in dir auslösen. So, wenn du eine ziemlich ehrliche Person bist, aber nicht immer, kannst du hier anfangen in jedem Aspekt deines Lebens ehrlich zu werden, und automatisch wirst du bewusster werden, wo du eventuell manipulierst, neidisch bist oder lieblos und so fangen diese Aspekte an sich zu verbessern, weil du versucht ehrlicher zu sein. Eines Tages bist du dann so ehrlich, wie du nur sein kannst und dann kannst du es mit Neid versuchen: Du wirst probieren großzügiger zu sein, damit es für Neid keinen Platz gibt usw.

Wir verändern die Welt Stückchen für Stückchen. Was eben du auch tust wird einen Schneeballeffekt haben. Wir werden das Haus nicht beim Dach anfangen zu bauen. Sei also geduldig mit dir selbst. Möchtest du ein Beispiel von jemand, der ein lebendiges Exempel darstellt?

Mehrere Jahre schon gehen wir zu einer bestimmten Werkstatt falls wir Probleme mit unserem Auto haben. Der Besitzer ist ein sehr angenehmer Mann der Paco heißt. Meine Tochter hatte einige Probleme mit ihrem Auto und brauchte es zur Werkstatt zu bringen. Sie ist sehr temperamentvoll. Wenn sie glücklich ist, zeigt sie große Mengen an sprudelnder Fröhlichkeit; wenn sie das nicht ist, sprüht sie Donnerwolken.

Meisterin im Minirock

Sie hat ihr Auto zur Werkstatt gefahren und kam zurück mit der Bemerkung: ‚Ooh, Mumm, dieser Mann ist unglaublich, denn als ich in der Werkstatt ankam, war ich wirklich wütend und nur nach ein paar Minuten mit ihm (Paco) geredet zu haben kam ich zurück, als ob ich eine Therapiesitzung hinter mir hätte.'

Paco ist eine Person, die nie die Stimme erhebt, niemals Wut oder Verachtung in der Stimme hat, doch immer, sehr ruhig und gelassen, mitteilt was er zu sagen hat. Durch seine ruhige Art gibt er seinem Gegenüber das Gefühl mit ihm einverstanden sein zu wollen, oder mindestens irgendwo hinzukommen, dass beide einverstanden sind. Das Beispiel seines *Wesens* hat einen großen Einfluss und positive (Aus)Wirkung, nicht nur auf meiner Tochter.

Das *ist* was passiert.

Wir vergessen oft, dass wir andere Menschen wirklich brauchen. Falls wir isoliert wären, komplett alleine, würden wir sehr unglücklich sein.

Sobald wir es schaffen diese Tatsache zuzugeben, können wir anfangen unseren Umgang mit anderen zu verbessern. Wir werden uns bewusst, dass wir Fehler machen und können um Verzeihung bitten, uns entschuldigen. Wenn ich die Welt wirklich verändern will, muss ich drinnen anfangen, bei mir selbst.

Michael Jackson singt das so wunderschön in 'the man in the mirror': *I am talking to the man in the mirror; I'm asking him to change his ways; I'm talking to the man in the mirror: if you wanna make the world into a better place, take a look at yourself and change your ways.*

Meisterin im Minirock

Übersetzt heißt das: *Ich spreche mit dem Mann im Spiegel, ich bitte ihn, seine Art zu ändern, ich spreche mit dem Mann im Spiegel, wenn du aus der Welt einen besseren Ort machen möchtest, schau dich selbst erst an und verändere deine Art.*
Wir können den Tag ja anfangen mit in den Spiegel zu sagen: ‚Hi du da, (tu hier deinen Name hin, z.B. Jan) ‚hallo Jan, ich bin großartig!' und lächle mich dann an. Dieses sorgt dafür, dass ich mich wohl fühle und wenn ich dann runter gehe zu meiner Familie mit diesem Gefühl, dass das Leben gut ist, und hier und jetzt ist wo ich bin, ist meine Situation gut.

Was bewirkt dieses bei meiner Familie? Es sorgt dafür, dass meine Familie sich frei fühlt sich wohl zu fühlen und dass das zu tun, was sie gerne tut, gut ist und dadurch ist sie glücklich. Dann fängt die Kette des Schneeballeffekts dort an, wo sie in die Welt hinaus gehen und diese Gefühle auch weiter geben.

Falls du eine Person bist, die gar keine Menschen braucht, bist du entweder perfekt und im Einklang mit allem das ist, oder du hast nicht die geringste Ahnung, was heißt, dass du gefangen sitzt in deinem Gefängnis bestehend aus Mustern und Umständen.

Jetzt lass mich wieder zurück kommen zu den roten und grauen Rosen: Sobald ich den Platz der roten Rose, die ich bin, einnehme und standhalte, ohne zu einer rosa Rose zu werden, sondern wirklich stark die rote Rose darstelle, in diesem Moment gebe ich allen anderen die Freiheit, eine rote Rose zu sein.

Ich strahle zu dir: ‚Du siehst wie farbenprächtig ich bin, sei auch farbenprächtig!! Kommuniziere in deiner Farben-Pracht'. Was ich dir in Wirklichkeit mitteile ist: 'Hey, komm jetzt, sei wer du bist!! Zeig mir, was in dir ist, da ist so ein enormes Potential vorhanden.'

Meisterin im Minirock

Wenn ich allerdings in der Ecke sitze und vorgebe eine kleine graue Maus zu sein, übermittele ich dir die Botschaft, dass du auch eine kleine graue Maus sein sollst, oder dich mindestens wie eine kleine graue Maus verhalten sollst.
Wenn wir auf *diese* Art leben, auf die graue Maus-Art, und Teil eines Bildungssystems, Familie, Schule oder einer beliebigen spirituellen Gruppe werden, werden wir keinen Unterschied erzeugen; es wird so sein, als wären wir gar nicht da. Und das ist noch nicht die schlimmste Variante von dem was passieren kann, denn es kann passieren, dass diesem Beispiel aktiv durch andere gefolgt wird und wir so unsere Gesellschaft, durch ‚graue Maus' zu sein, korrumpieren.

Ein Beispiel darstellen

Wenn ich jedoch mein rote-Rose-Wesen bin, zeige ich dir, was du auch sein kannst, was meine Schüler auch sein können!! Und lass mich dir eines sagen: Die roten Rosen beneiden rote Rosen nicht für ihr Rot-sein; sie bewundern sie! Es gibt Platz genug in diesem großen Garten für alle die rote Rosen sein wollen...

Doch, wenn die Art wie ich lebe Hemmung zeigt oder Unehrlichkeit; wenn ich manipuliere und dir ein falsches Lächeln gebe, zeige ich dir, dass das die Art ist, wie ich finde dass man leben soll; dies ist, was ich ausstrahlen werde und Menschen werden, leider, diesem Verhalten als Beispiel folgen. Wenn wir ein gutes Beispiel vor uns haben, werden wir diesem folgen und uns ebenso verhalten. Aber wenn wir ein schlechtes Beispiel in der Nähe haben, werden wir diesem schlechten Beispiel folgen und entsprechend weniger nette Menschen werden.

Meisterin im Minirock

Wenn ich Vorträge gebe, fange ich oft an, ohne dies zu erzählen, meinen Kopf in meine Hand zu stützen; innerhalb von 10 Min. sitzen die meisten auch so da. Dann kratze ich an meinem Kopf und wieder, innerhalb von 10 Min. haben die meisten an ihrem Kopf gekratzt.

Dies ist sogar so faszinierend, dass es ganze Verhaltensforschungs-Studien hierüber gibt; sie testen Menschen mit ganz einfachen Sachen und die grauen Rosen folgen, während die roten Rosen das nicht tun. Diese beobachten nur und bleiben sich selbst.

Es ist unbedingt erforderlich, ein gutes Beispiel zu sein, und wenn du dieses Buch liest, hast du den Platz eine graue Rose zu sein, schon verlassen; dann bist du irgendwo schon ein Beispiel. Aber sei dir bewusst: Du bist IMMER ein Beispiel, egal welchen Weg du wählst, so sei vorsätzlich ein Beispiel.

So wirkt das Leben: Menschen lernen durch imitieren. Das passiert meistens unbewusst und unbeabsichtigt, aber es passiert; Menschen folgen Modellen. Je mehr gute Beispiele es zu folgen gibt, umso schneller wird sich die Welt ändern. Hier kannst du sehen, wie wichtig du bist. Nur dadurch, dass du dich änderst, werden die Menschen um dich herum sich transformieren.
DU BIST VON BEDEUTUNG!!

Was ist Erfolg? Erfolg für mich ist, wenn mindestens eine(r) von euch, die dieses Buch lesen, es in der Praxis umsetzen wird, es dahin führen wird, wo die Menschen das Beispiel nehmen und folgen werden. Und Super-Erfolg ist, wenn ihr das alle tun würdet.

Bleib also da als rote Rose, auch wenn du kein positives Feedback bekommst. Als rote Rose musst du versuchen in deiner Mitte zu bleiben, verändere das Niveau deiner Schwingung nicht, lass es nicht herunter, da das nur Unglück anziehen würde.

Meisterin im Minirock

Falls du mal auf die Probe gestellt wirst durch z.B. respektlos behandelt zu werden, nimm dir Zeit, denn vielleicht findest du heraus, dass du gar nicht mal reagieren brauchst. Setz dich selbst nicht unter Druck, sofort reagieren zu müssen.
Realisiere dir, dass wenn *du* die rote Rose, die du bist, lebst, du allen anderen zeigst, dass *sie* die Erlaubnis, die Freiheit haben, auch die rote Rose die *sie* sind, zu leben und du inspirierst sie mutig zu sein.

Jeder kleine Schritt den du nimmst und schaffst, ist wichtig! Dein Weg ist dein Ziel, deine Bestimmung ist nicht dein Ziel, da deine Bestimmung nicht starr ist; sie besteht nicht. Die einzige Bestimmung, die wir haben, ist Veränderung.

Alles ist jetzt, also ist jetzt von Bedeutung. Blicke in diese Welt mit Interesse, zeig' dass du nicht alles weißt, denn du *weißt nicht* alles und das ist total in Ordnung!

Sei dir bewusst, dass manchmal das, was du wünschst, nicht das sein mag, was du wirklich brauchst. Das Leben ist was es ist und genau damit müssen wir arbeiten: Mit dem was ist. Wir sind nicht perfekt, jedoch das was wir haben, haben wir, was wir sind, sind wir in diesem Moment, jetzt. Aber alles kann sich ändern. Versuch nicht mit der Idee von dem was etwas werden kann zu arbeiten, da du nicht weißt, ob es so werden wird.
Du würdest umsonst arbeiten, da das, was du dir wünschst, eine Illusion ist. Arbeite mit dem Jetzt, mit dem was du jetzt hast und lebst. Der berühmte Satz aus dem Lied sagt es uns: 'If you can't be with the one you love, love the one you're with'.

Ich kann dich fragen hören: 'Aber sollen wir keine Pläne machen?' Natürlich sollen wir Pläne machen, denn ein Plan gibt uns eine

Meisterin im Minirock

Idee wo anzufangen ist. Aber ein Plan soll nur eine Richtlinie sein und wir müssen lernen flexibel zu sein und vielleicht den ganzen Plan schon nach dem ersten Schritt verwerfen...

Meisterin im Minirock

Meisterin im Minirock
Kapitel 5, Rivalität

Das hier ist wirklich ein interessantes Thema, da Rivalität schon immer als ein beliebtes Motiv für Filme und Bücher auftritt. Wir sehen zwei komische Figuren als Rivalen (Dick und Doof), der Detektiv und sein Assistent (Sherlock Holmes und Co.), die Ritter, die um ihre Ehre oder eine Dame kämpfen, zwei Frauen, die den gleichen Mann wollen usw. Allerdings ist *das* nicht wirklich die Art, wie ich dieses Thema angehen werde.

Ich möchte anfangen dir verschiedene Fragen zu stellen, und bitte, wenn du sie liest, beantworte sie ehrlich. Es wird dir helfen, auf Plätze in dir zu gehen, die du reinigen und klären kannst, und dies nachher, nicht nur dafür sorgt, dass du dich glücklicher fühlst, sondern auch ein bisschen entspannter...

Bist du eine Person, die es wichtig findet stark zu sein?

Bist du oft müde und findest trotzdem, dass du weiter machen musst?

Magst du es, zu erwähnen, dass du wirklich hart arbeitest?

Hast du angegeben damit wie viel du trinken kannst?

Wenn du irgendeine von diesen Fragen positiv beantwortet hast, wird dieses Kapitel sehr interessant für dich. Aber, sogar wenn nicht, wirst du eine Menge davon haben, entweder für dich selbst oder weil du Menschen darin erkennst, die du kennst.

Ich kenne diese wunderbare Frau, die mit Pferden arbeitet. Lassen wir sie Sina nennen.

Meisterin im Minirock

Mit Pferden arbeiten kann wirklich sehr hart sein. Und ihre Arbeit ist hart: Ihr Tag fängt um 7.00 Uhr morgens an; sie mistet die Ställe aus und füttert dann die, etwa 14 Pferde.

Seit einer Weile hat sie angefangen hiernach sich erst mal hinzusetzen zum Frühstück, nach schon 2 Stunden Arbeit. Dann geht sie zurück zu den Pferden und fängt entweder an, sie zu reiten oder Bodenarbeit mit ihnen zu machen. Dieses sind noch wilde Pferde; sie sind noch nicht gearbeitet worden bevor sie zu ihr kamen. Das heißt, dass hier Pferde sind in alle Stadien des Trainingsanfangs, von gerade menschlichem Kontakt bis 2 Monate unterm Sattel.

Falls du überhaupt etwas über Pferde weißt: Sie sind sehr stark und können schnell laufen, deshalb ist die Arbeit mit Pferden körperlich anstrengend, verbunden mit eine Menge Laufen... das ist die erste Trainingsphase.

Zurück zu Sina: Zwischen dem Trainieren der Pferde mistet sie immer wieder Ställe oder Paddocks, denn Pferde äpfeln nun mal den ganzen Tag durch. Als sie 7 bis 8 Pferde geritten hat, oder manchmal auch mehr, ist es 20.00 Uhr. Vielleicht hat sie eine kleine Mittagspause eingelegt zum Kaffee trinken oder Banane essen, aber sonst arbeitet sie Non-Stop. Um 20.00 Uhr wird wieder gefüttert (natürlich hat sie um 14.00 Uhr auch gefüttert) und kontrolliert sie, ob alle, die keine Selbsttränke haben, genug Wasser haben. Meistens ist das nicht so, und dann füllt sie einige Male 20-Liter Kanister und fährt 2 -4 davon auf einer Schubkarre zu den betreffenden Pferden.

Sina ist 43 und hat dies fast 20 Jahre lang gemacht! Sie nennt dies allerdings nicht Arbeit. Ihre wirkliche Arbeit ist Service in der

Meisterin im Minirock

Hotellerie-Branche...das heißt, sie arbeitet für eine Cateringfirma, sie bereitet das Speise-Lokal, bevor gegessen wird, erst vor: Tisch decken, Deko, usw., und dann bedient sie: Essen und trinken, manchmal sogar 24 Stunden an einem Stück, und dann hinterher räumt sie noch auf und putzt..., das beinhaltet auch schwere Tabletts und Kisten zu tragen, so wie Kästen mit Getränken. Du siehst, es wäre nicht schlecht, wenn sie einen männlichen Assistenten hätte mit gesunden, starken Muskeln! (den hat sie aber nicht) Nach einem Wochenende dieser Arbeit nimmt sie keinen Tag zum Ruhen, sondern geht sofort weiter mit „ihren" Pferden.

Das ist allerdings nicht der Punkt. Der kommt jetzt: Wann auch immer es ein Fest gibt, wo es Männer gibt, trinkt sie diese gerne unter den Tisch (zumindest einige) und ist darauf stolz. Sie ist auch stolz, dass sie viel Wein trinken kann und danach harte Sachen wie Schnaps oder Grappa und am nächsten Tag kein Problem mit einem Kater hat. Sie fährt ihr Auto wie ein Formel-1-Fahrer und ist auch hierauf stolz. Sie tut sich schwer, um Hilfe zu fragen, wenn sie etwas Schweres zu tragen hat, da sie es genauso gut kann wie ein Mann. Wenn sie morgens ihre Übungen macht, tut sie es heftig mit viel Anspannung und Druck...
Wenn sie mit anderen Fahrrad fährt, wird sie diejenige sein, die am schnellsten fährt und dann noch über die Wiesen, wo die Oberfläche schwieriger ist, um zu zeigen, wie stark sie ist.

Sie hat und gibt überall eine Meinung, und wird ziemlich streng auf eine herablassende Art, wenn sie jemand, mit dem sie konkurriert (ohne es zu wissen) zeigen will, dass sie recht hat. Und hier kommt das Schlüsselwort: Sie konkurriert.

Meisterin im Minirock

Wenn wir schauen, wo sie geboren ist und was passierte, wird es verständlicher: Sie wurde als Mädchen geboren und ihr Vater hat es sehr deutlich gemacht, dass sie ein Junge hätte sein sollen. Ihr ganzes Leben hat sie versucht ein Junge zu sein. Dies hat dafür gesorgt, dass sie mit dem männlichen Geschlecht konkurrierte, bis zu dem Punkt, dass sie, mit all ihrer Fraulichkeit (mit Absicht sage ich nicht Weiblichkeit da sie da nur langsam vorwärts kommt) Sachen in ihrer Handtasche mit sich rumträgt, die Männer gerne mögen. Sie ist superstolz auf der Tatsache, dass, in einem Kreis von Männern mit technischen Interessen für Autos, einer nach einem Zollstock fragt, und sie diejenige ist, die das in ihrer Handtasche hat... sie braucht es, unter Männern akzeptiert zu werden wie ein Mann, also ist sie in Rivalität mit denen, und das ist eine Lebensweise geworden. Sie ist in der Rivalität, nicht nur mit Männern, sondern mit den meisten Menschen, die sie als stark einstuft, und... vor allem... mit sich selbst! Sie ist ständig am beweisen, dass sie besser, härter, zäher ist...

Alle um sie herum wissen dass sie soooo viel kann und keiner findet es nötig dass sie es beweist. Aber sie tut es. Das geht schon so seid vielen, vielen Jahren. Sie wird nicht jünger und so fordert es seinen Tribut. Sie wird öfters müde. Das ist etwas, dass sie nie zugeben würde, aber nachdem wir 6 Jahre zusammen gearbeitet haben, sieht sie jetzt ein, dass müde und stark sein, nicht unbedingt widersprüchlich ist. Sie ist jetzt an dem Punkt angekommen, wo sie sich allmählich selber weh tut. Nicht mit Absicht; ihr Körper rebelliert einfach gegen die Überbelastung, und dann kommt so etwas wie einen Wirbel verletzen, oder ihre Schulter will, nach schweres Heben, nicht mehr runter; ein Nerv klemmt irgendwo ein usw.

Warum erzähle ich diese Geschichte?

Meisterin im Minirock

Damit du vielleicht etwas erkennst hieraus...
Denn, wenn eine Person in so eine Dynamik hinein gerät, wird sie ziemlich hart, sogar schroff werden in ihrer Redensart. Das wird bei anderen, den Menschen die sie wichtig findet, Unzufriedenheit auslösen. Dieser Mensch findet es schwierig zu verlieren, was sie allerdings nicht einfach zugeben wird, und sie kann dann sehr stur werden.
Das geht so weit, dass, wenn jemand ihr was angetan hat, z.B. ihr eine Art Schmerz oder Kummer zugefügt hat, sie den Kontakt mit diesem Menschen für immer brechen wird; die Türen werden gründlich geschlossen.

Aber es nicht wirklich aus Sturheit, dass diese Menschen so reagieren. Der wirkliche Grund, dass sie diese Türen schließen, ist, falls sie die Türen auflassen würden, sie in sich selbst hineinschauen müssten. Was sie da finden werden ist das, was sie Schwäche nennen würden, und Schwäche können sie sich (noch) nicht leisten. Sie werden sehen, dass sie verletzlich sind, dass sie in ihrem Innern Schmerzen spüren, und das ist etwas, das sie sich nicht gewähren können (denken sie). Sie erlauben es nicht, gespiegelt zu werden, da sie perfekt sein müssen, frei von Versagen. Du kannst dir vorstellen, was das für einen Druck auf sie legt, da niemand jemals so perfekt werden kann. Also ja, sie sind Perfektionisten, aber versteh mich nicht falsch: Nicht alle Perfektionisten sind Rivalen. Ein Schaf ist ein Tier, aber ein Tier ist nicht unbedingt ein Schaf.

Wenn sie anfangen zu lernen, dass Fehler machen menschlich ist, dass sich danach entschuldigen enorme Stärke, besonders Charakter-Stärke zeigt, haben sie eine Chance von diesem hohen, einsamen Berg, wo sie sich selbst hingestellt haben, runter zu kommen.

Meisterin im Minirock

Dann werden sie anfangen sich zu entspannen und bekommen dann auch sanftes, weiches Feedback.
Dieses kumpelhafte Auf-die-Schultern-Klopfen wird sich dann ändern in eine warme, liebevolle Umarmung… aber, „he, langsam!!" Sie können nicht so einfach umarmen, nicht zu fest drücken, lass ihnen Raum, damit sie sehen lernen, dass menschliche Nähe nicht etwas ist, was man fürchten braucht.

Und so kommen wir bei dem nächsten wichtigen Aspekt an: Sie finden es sehr schwierig menschliche Nähe in ihrem Leben zuzulassen. Sie sind oft Menschen, die Hunde und Pferde mögen, besonders diese zwei Sorten Tiere, da sie die Unabhängigkeit anderer Lebewesen befürchten… Hunde und Pferde, falls sie nicht gerade in der Wildnis leben, brauchen ja die Sorge und Gesellschaft des Menschen.

Diese Menschen sind für gewöhnlich sehr gut im Anderen helfen. Sie lieben es, anderen das zu geben, was sie sich selbst nicht geben werden, ihre Kraft zu zeigen. Jedoch Hilfe anzunehmen ist für sie sehr schwierig. Sie reagieren sogar oft, als ob die Person, die ihnen Hilfe anbietet, sie herablassend behandeln würde, denn so ist es, wie sie es wahrnehmen.

Wenn wir alle uns realisieren würden, dass wir als Mensch unter anderen Menschen geboren worden sind und sehen würden, dass wir alle interabhängig sind, würden wir nicht mehr diese große Angst vor Nähe, vor um Hilfe bitten, vor nicht perfekt zu sein und ähnlichen Situationen haben. In dem Fall, dass wir aufgewachsen sind unter Umständen die uns das Gefühl gegeben haben, dass wir, so wie wir waren, nie so gut waren wie andere, werden wir diese seltsame Art der Konkurrenz mit der Welt entwickeln. Wir werden alles tun, um besser zu sein und am Ende gehen wir so

Meisterin im Minirock

weit, dass wir besser werden wollen als wir selbst. Da kannst du drüber lachen, aber leider ist das viel zu oft wahr!!
Die Person, die sich so verhält wird aussehen wie jemand sehr Adäquates, da sie sich antrainiert hat, so gut wie möglich zu sein. Sie sind normalerweise sehr gut in ihrem Beruf. In kurzen Kontakten sind sie sehr erfolgreich, die Menschen werden sie wirklich mögen, aber in langen Beziehungen haben sie Probleme, da nur die, die ihre Haltung durchschauen, ihr Herz da drinnen wertschätzen können. Es ist nicht einfach ihnen sehr nah zu kommen; sie brauchen Raum und Zeit. Man muss sie nicht überwältigen, aber ihnen ‚homöopathische' Dosen Liebe, Fürsorge, Information und Meinung oder Beobachtung über sich geben. Sie werden über alles nachdenken, wenn man es vorsichtig tut, da sie perfekt sein wollen (nicht vergessen!) und werden langsam einsehen, dass ihr Leben sich verbessern kann, wenn sie etwas Imperfektion rein lassen…

Die, die diesen mit-sich-selbst-Konkurrierenden *nicht* so behandelt, wird den auch nicht mögen, da sie es persönlich nehmen wird und nicht sieht, dass dies ein Muster in diesen Menschen ist und dieses mit *ihr* nichts zu tun hat. Oft findet sie den zu schroff, zu verurteilend, und zu gleicher Zeit wird sie neidisch auf seine (oberflächlichen) Popularität und Kraft.

Erkennst du einiges hiervon? Kennst du solche Menschen? Wenn ja, auch wenn dieses ja die Antwort auf die zweite Frage ist, dann schau in dich hinein wie du aus dieser Rivalität mit dir selbst und der Welt herauskommst. Es wird dich entspannter machen, liebevoller zu dir selbst, sanfter zu anderen und, als Konsequenz hiervon, werden andere auch sanfter und liebevoller zu dir sein; du wirst dich nicht mal mehr gezwungen fühlen mit anderen zu konkurrieren oder laut zu sein.

Meisterin im Minirock

Natürlich wird das noch eine Weile dauern, aber du wirst sehen, dass du allmählich Fortschritte machst und dass du diese Fortschritte von Anfang an genießen wirst!!

Meisterin im Minirock

Meisterin im Minirock

Meisterin im Minirock

Kapitel 6, Die dunklen Mächte

Ich habe mit dir geredet über das, was wir in unserem Alltag tun. Es hat mich dazu geführt, über die negativen Qualitäten, die wir in unserem Charakter tragen, zu reden. Nicht alles was wir verkehrt machen ist nur durch unser Zutun. Wir werden durch viele Kräfte beeinflusst; wir können allerdings stärker werden, sodass wir uns nicht durch diese Kräfte beeinflussen lassen. Hierüber werde ich in diesem und dem nächsten Kapitel reden.

Während der Schöpfung ist viel passiert das wir, als ‚einfache' Menschenwesen, nicht ins Leben gerufen hätten, hätten wir die Wahl gehabt. Einige von diesen ‚Dingen' sind zweifellos die dunklen Mächte. Die meisten Menschen meinen, dass wir ohne sie besser dran wären. Aber, wie können wir uns wirklich weiter entwickeln, wenn es keine Herausforderungen gibt... Das heißt nicht, dass du anfängst die dunklen Mächte zu mögen. Sehe sie aber als einen Weg, dein inneres Wachstum gründlicher, dauerhafter, endgültiger und stabiler zu machen. Wenn wir also über Wachsen auf unserem spirituellen Weg reden, müssen wir auch über die dunklen Mächte reden.

Ahriman und Luzifer

Ungefähr vor hundert Jahren hat Rudolf Steiner uns vor den dunklen Mächten gewarnt und sie als Ahriman und Luzifer geschildert. Ich werde nicht auf die Einzelheiten eingehen, aber er hat die Welt benachrichtigt, dass Ahriman in unsere Welt inkarnieren würde, um das Leben hart und schwierig zu machen, und dass dies höchstwahrscheinlich um 1984 herum stattfinden würde, was allerdings nicht passiert ist, aber Ahriman bereitet sich immer noch vor. Luzifer ist ein gefallener Erzengel,

Meisterin im Minirock

das heißt, dass er nie inkarnieren wird. Aber Ahriman kann und, laut Steiner, wird er sich auch mit Luzifer verbinden um seine Arbeit mächtiger zu machen und seine Inkarnation gründlich vorzubereiten.
Wir hatten Glück, dass Ahriman nicht inkarniert ist, wenigstens noch nicht! Aber Rudolf Steiner hat uns kein Märchen erzählt; Ahriman und Luzifer bestehen und ihre Kräfte sind sehr präsent. Allerdings ist das, was ich dir jetzt erzählen werde, nicht gedacht, um dich zu Tode zu erschrecken, sondern um dir zu helfen, dir bewusst zu werden, wo du dein Leben verbessern kannst.

Da *ich* dieses Buch schreibe, werde ich nicht wiederholen was jemand anders gesagt hat. Ich werde von meinem Blickwinkel und meiner Erfahrung aus sprechen und werde das Wirken der dunklen Mächte erklären, sowie ich sie sehe, lebe und erfahren habe.

Lass mir dir erst erzählen wie diese beiden, Ahriman und Luzifer, sich manifestieren in der Art, wie wir sie erfahren können, oder, besser gesagt, was ihr Ziel ist.

Ahriman will, dass wir willenlos werden, Roboter. Er liebt es aus uns Sklaven zu machen, die für ihn arbeiten ohne unseren individuellen Willen zu benutzen. Dafür schöpfte er materielle Dinge, da die materielle Welt uns gierig macht, so dass wir mehr davon haben wollen. Er erschuf Gameboys, Computers, mobile Telefone, Fernseher, das ganze Internet etc. damit wir viel Zeit verbringen hinter Maschinen womit wir uns abmühen, in der falschen Annahme, dass wir ohne das alles nicht mehr auskommen; viele Menschen können es nicht lassen diese Dingen zu benutzen und ignorieren den Effekt den es mit sich bringt, wie z.B. keine Zeit in der Natur verbringen, sich nicht mit Freunden oder

Meisterin im Minirock

Familie treffen, nur im Internet shoppen, was für die Umwelt nicht gut ist da Massen an Verpackungsmaterial benutzt werden, ebenso wie der Transport der einzelnen Pakete von den entferntesten Regionen zum Haus des Käufers und dass der ganze menschliche Kontakt dabei verloren geht.

Aber, besonders das, was ihr alle am meisten kennt: Die Zeit, die ihr verschwendet, da es nie so glatt geht wie du dachtest; es ist nie ‚nur 5 Minuten um meine E-Mails zu checken', denn bevor du es weißt ist eine Stunde vorbei; alle Links denen du folgen musst usw...

Alles was dich dazu bringt dich auf etwas zu fokussieren, das deine Aufmerksamkeit ablenkt von dem, was du wirklich tun möchtest in deinem Leben, ist Ahrimans Werk. Es wird auch bemerkbar in den Empfindungen, wo wir uns unzulänglich fühlen, wo wir die Idee bekommen, dass wir zu klein sind um einen Unterschied darzustellen und wo wir vergessen unserer inneren Stimme zu lauschen, oder manche Leute nennen das vielleicht unsere Seele (diese Stimme), vergessen dadurch die innere Stimme, die uns sagt, dass wir auf dem richtigen Weg sind.

Ahriman versucht alles zu eliminieren, was zu tun hat mit Geisteswissenschaft und Forschung und strebt es an, unsere Willenskraft und das Benutzen unseres freien Willens zu beseitigen, was wir darin sehen können, wie jetzt plötzlich viele Firmen ihre Angestellten behandeln (extremer Leistungsdruck, Drohungen wenn nicht genug geschafft wird, keine Auszahlung von Überstunden usw.) und wie der Staat Entscheidungen trifft, obwohl seine Bürger diese gar nicht wollen, und wie wenig Bürger wirklich hiergegen offen protestieren und versuchen Veränderung zu bewirken.

Meisterin im Minirock

Er will uns abhängig machen. Wir müssen neue Energiequellen finden, da Öl endlich ist und alle anderen starken, einfach erreichbaren Energiequellen um Elektrizität damit zu gewinnen, auch; manche sind sogar gefährlich (Atomenergie).
Das bereitet uns Sorgen, und das ist es genau, zusammen mit dem uns Abhängig-machen, der ideale Zustand in welchem er uns abhalten kann, *die* Sachen zu machen, die *wirklich* wichtig sind. Wir sind Sklaven unserer eigenen Bedürfnisse geworden.
Während dieser Prozess im Gange ist, ist es ihm natürlich wichtig Kontrolle über uns zu haben, was er tut durch u. a. die sogenannten sozialen Netzwerke, wie facebook, twitter, LinkedIn usw.

Diese sind allerdings auch unter Luzifers Einfluss, der uns verlocken will, durch uns zu zeigen, wie wunderbar und nützlich und dadurch wichtig es ist, Teil dieser Netzwerke zu sein... Über Luzifer werde ich gleich noch mehr erzählen.

Ahriman stiftet auch das Rahmendenken an. So viele Menschen können nur Konzepte akzeptieren, die in einem logischen Rahmen präsentiert werden. Aber der Rahmen ist starr; die Realität von evolutionärem Wachstum ist nicht berücksichtigt worden und dadurch auch nicht gelebt noch genährt.
Kannst du sehen, wie gefährlich das ist? Wenn du nachher den Teil liest über den Einfluss von Luzifer, und ich dir jetzt erzähle, was ihr Bund verursacht, wirst du sogar noch mehr verstehen. Denn unter dem Einfluss von den beiden gibt es immer mehr Menschen, die aufhören ihre eigenen Talente weiter zu entwickeln und stattdessen andauernd neue *Techniken* lernen. Doch eine *Technik* ist begrenzt, da sie nur durch *einen* oder *wenige* Menschen entwickelt worden ist.

Meisterin im Minirock

Darum sind „meine" Therapeuten alle unterschiedlich, da ihre Ausbildung keiner Methode unterworfen war/ist, sondern eine non-methodische Methode, gestaltet um die Qualitäten jede(r)(s) Einzelne zu entwickeln.

Luzifer ist ganz anders; Luzifer lässt die Sachen, die eh vom Guten ablenken, gut aussehen, damit wir nicht sehen, dass sie nicht die richtigen sind. Zum Beispiel hilft er allerlei zu schaffen, das er auch wichtig scheinen lässt, wie schöne Kerzen, Schals, Öllämpchen, Mediationskissen, Mantrabilder, Spiralen und Maschinen in schönen Farben und glänzenden Materialien, um dich glauben zu lassen, dass du all dieses brauchst, um erleuchtet zu werden.
Und wenn du dann genug von diesem Zeug hast, wird dein Ego wachsen und du wirst dann sogar glauben, dass du spirituell mehr entwickelt bist, als all diese Menschen, die diese Dinge nicht haben.
Luzifer wird dich Seminare besuchen lassen, wo der Akzent auf *emotionalem* Ausdruck liegt, wo geküsst und umarmt wird, da das sich gut anfühlt und es gut aussieht, aber keine bleibende Auswirkung für die Zukunft hat und es dir auch nicht helfen wird die wirkliche Kraft in dir zu stärken, sondern nur dein Ego kräftigt. Er wird dich zu dem Glauben bringen, dass ein Seminar wo du tanzen, schreien und all deine Emotionen auf sehr emotionale Art raus lassen kannst, *das* Ding ist, mit dem du dich beschäftigen solltest. Allerdings bringen diese Seminare dich nicht weiter, da die Emotion nicht bewusst ist und die Wurzel von dem, was du über dich selbst entdecken kannst, nicht enthüllt worden ist, aber du bist abhängig von diesen Seminare gemacht worden, da sie, wie jede andere Droge auch, dich für eine kurze Zeit wohl fühlen lassen. Luzifer wird Sachen schön aussehen lassen, auch in dem Verhalten des Menschen, der dann, ohne dass jemand es bemerkt, manipuliert.

Meisterin im Minirock

Luzifer fühlt sich wie eine Schlange unter Gras an, jedoch haben die meisten Menschen keine bewusste Erfahrung mit diesem Phänomen; deswegen ist Luzifer sehr erfolgreich, da die meisten Menschen überhaupt keine Ahnung von seinen Werken haben. In diesem Moment leben wir in einer Zeit, in der diese beiden Kräfte sich verbunden haben. Dass dies sich so entwickelte ist erst seit ungefähr dem Jahr 2000.

Das macht es für uns Menschen umso schwieriger, zu erkennen und uns damit zu befassen, da das ganze Zum-Sklaven-Machen hübsch verpackt ist in schön aussehendem Besitz, also fallen wir darauf herein und werden willenlos.
Was wir gegen all dieses tun können ist unsere Offenheit Inspiration und Intuition gegenüber, zu verstärken. Deswegen habe ich „Der Kurs" kreiert, damit die Menschen eine neue, unabhängige Art des Einschätzens und selbständig Denkens lernen, trotzdem Andere versuchen sie zu beeinflussen; damit sie lernen wo jemand, oder sie/er selbst, möglicherweise manipuliert, und dieses sofort aufhält. Lernen diszipliniert zu werden, damit die Willenskraft verstärkt wird und hellsichtig werden durch die Intuition zu entwickeln, sind wichtige Ziele von „Der Kurs". Ab hier werden wir unsere Willenskraft wieder finden können und tatsächlich *Gutes* tun.

Auch wenn man sehr bewusst für die und mit den Lichtkräften arbeitet, heißt das noch nicht, dass man den dunklen Kräften gegenüber nicht verletzbar wäre. Im Gegenteil: Wir, die wir uns dem Lichte widmen, werden mehr durch diese Kräfte belästigt als die, die das nicht tun, da diese Kräfte versuchen uns lahm zu legen, unseren Einfluss und (Aus)Wirkung auf die Welt zu beseitigen; sie versuchen alles, um es unmöglich für uns zu machen, anderen zu helfen ihr eigenes Licht scheinen zu lassen.

Meisterin im Minirock

Es gibt viele Wege dieses zu tun, ich werde dir von meiner persönlichen Erfahrung berichten.

Elementarwesen

Seitdem ich auf dieser Welt geboren wurde habe ich eine sehr gute Verbindung mit den Elementarwesen. Ich sehe die kleinen Helfer die wir alle um uns herum haben, die Kleinen die für die Bäume, Blumen und Pflanzen sorgen, die Wesen im Wind und Wasser usw. Ich sehe sie und verbinde mich mit ihnen und habe es immer schon geliebt, mit ihnen zu kommunizieren. Manche haben menschliche Formen, aber viel kleiner, andere sehen sehr anders aus und haben überhaupt keine Ähnlichkeit mit der menschlichen Form.

Sie sind alle Lichtwesen, manche dichter, manche lichter, manche lang und dünn, andere kurz und gedrungen, manche so durchsichtig dass es schwer ist sie zu sehen, andere ganz klar vielfarbig.

Körperliche Unbequemlichkeit

Viele Jahre lang habe ich gearbeitet im Geben von Vorträgen, Seminaren und Privatsitzungen, um Menschen zu helfen ihr Leben zum vollen Potential zu leben und ihre Gesundheit wieder zu erlangen.
Irgendwann fing meine eigene Gesundheit an ein Problem zu werden. Jedes Mal, da dies passierte, arbeitete ich daran und verbesserte sie. Dann wurde es aber wieder schlechter. Ich kehrte nach innen, schaute nach der Ursache und konnte sie gleich wieder verbessern.

Meisterin im Minirock

Ich hatte eine schwere Vergiftung, wobei meine Nieren total aufhörten zu funktionieren, jedoch erreichte ich das Unmögliche und stand wieder von den Toten auf. Ich brauchte lange Zeit, um wieder kräftig zu werden, körperlich, aber ich erholte mich auf eine Art wovon keiner jemals sich getraut hat zu träumen.

Acht Jahre später brach ich mein Genick (1er, 4er, 5er und 6er Wirbel; die letzten drei waren ineinandergeschoben sowie ein Teleskop und von dem 1.en war ein Stück abgebrochen, das nach rechts gewandert war) und der Schlag im Unfall bewegte unfreiwillig meine beiden rechten Schädelplatten (denn der Schlag hatte meine Kiefer verschoben) die dazu noch gerissen waren. Bevor ich mich ins Krankenhaus fahren ließ, habe ich dies alles gerichtet, da ich Angst hatte, dass sie meinen Schädel öffnen würden und mich dabei zu Tote bluten lassen würden; das Krankenhaus hat mich fast sterben lassen, da sie dort nicht gesehen haben, dass etwas gebrochen war, noch wie ernst die Situation war und man schickte mich einfach nach Hause; der Traumatologe, der mich nach 10 Tagen sah ohne dass ich die richtige Behandlung bekommen hatte, war entsetzt als er sah wie ich (nicht) behandelt worden war und verstand auch, dass ich nicht im Krankenhaus bleiben wollte. Ich habe meine eigenen Wirbeln ebenso wie die Schädelplatten auf den richtigen Platz gesetzt…Auch dieses Mal wurde „es" wieder als ein Wunder betrachtet und die normale medizinische Welt war sprachlos.

Bei diesem Unfall gab es ungefähr 12 medizinische Gründe tot zu sein, aber das war ich nicht. Ich habe sogar weiter gearbeitet. Der Unfall passierte am 15. März und am 3. April saß ich im Flieger auf dem Weg nach Deutschland, wo ich ein Seminar angesetzt hatte.

Meisterin im Minirock

Ich konnte nicht gehen, also saß ich in einem Rollstuhl, da ich teilweise gelähmt war; trotzdem gab ich mein Seminar, in einem komfortablen Liegestuhl und keine(r) hatte das Gefühl, dass ich weniger präsent wäre als andere Male.

Gleichzeitig realisierte ich mir, wie gründlich ich geprüft wurde, jedoch… ich ging weiter.
Aber später dann ging es mit meiner Gesundheit auf andere Art den Bach runter; ich wurde sehr müde; es gab vieles, das ich nicht mehr essen konnte da mein Körper mit Schmerzen darauf reagieren würde; mein Gehör fing an merkwürdig zu werden, meine Sicht genauso. Nicht das ich weniger hörte oder sah, sondern so was wie Schmerz, Stechen, nicht fokussieren können, merkwürdige Geräusche usw. Es wurde mehr und mehr Besorgnis erregend, besonders weil ich der richtigen Diät für Leber, Nieren, Bauchspeicheldrüse, Magen usw. folgte; ganz viel gute und sanfte Übungen machte, genug Schlaf hatte, ich entfernte Stressfaktoren aus meinem Leben und trotzdem…viel von meiner Aufmerksamkeit musste ich in dieses Gefühl von körperlichem Unwohlfühlen investieren. Ich schaute und schaute in mich hinein und konnte *eine* oder *die* Ursache nicht finden. Ich war auf einem Punkt angekommen, wo ich spürte, dass ich fest saß.

Verzweiflung

Das ist etwas ganz Ungewöhnliches für mich; nur einmal in meinem Leben hatte ich dieses Gefühl von Festsitzen und das war lange her, ich war 23.

Meisterin im Minirock

Das war wirklich hart. Ich fühlte mich sehr verzweifelt und erzählte dies meinen Mann, der, wie wunderbar er auch ist, mir natürlich nicht helfen konnte.

Ich überlegte mir Sharon anzurufen, meine liebste Schwester-Freundin, in Kanada. Aber ich empfand da Widerstand; ich hatte das Gefühl, das alleine schaffen können zu müssen.
Bingo!! Hier hatte ich es: Für mich ist um Hilfe bitten viel schwieriger als es alleine zu tun... das ist jetzt Unsinn: Ich brauche es gar nicht alleine zu tun, ich kann um Hilfe fragen.

Die erste Hürde war genommen. Ich ging zurück zu der Terrasse unseres Hauses mit meinem Mobil-Telefon und rief sie an. Ich erzählte Sharon meine ganze Erfahrung, besonders dass ich es so leid bin fast all meine Aufmerksamkeit an meinen physischen Körper geben zu müssen, was so wenig Zeit und Kraft übrig lässt für den Teil, den ich wichtig finde oder nur einfach schön. Sie hörte zu und sagte dann nur: „Mein Gefühl ist, dass das, was du uns vor Jahren über Ahriman erzählt hast, gerade passiert. Er versucht dich zu entsorgen, damit dein Licht nicht auf uns und die Welt scheinen kann! Versuch die kleinen Helfer, worüber du mir erzählt hast, anzuhören, da sie dir erzählen werden, was du tun kannst."

In diesem Moment verließ ich die Terrasse und lief in den Garten hinein und verband mich mit den Elementarwesen, während die Tränen meine Wangen hinunter kullerten. Ich weinte sehr viel, aber trotzdem war ich ständig in einer Gemeinsamkeit, Einheit und Einklang, mit diesen herrlichen Wesen; sowohl mit denen, die mir persönlich helfen, als auch mit denen, die in der Flora unseres Grundstücks leben; mit denen die jenseits unseres Grundstücks sind, den Windwesen und allen, mit denen ich mich verbinden

Meisterin im Minirock

konnte, während ich immer noch mit Sharon telefonierte. Es war enorm, was dann passierte: Sie jubelten wirklich vor Freude!! Es war so stark was passierte; da für mich der Kontakt mit ihnen immer so natürlich gewesen ist, hatte ich noch nie gefühlt, dass sie mich genauso brauchen wie ich sie; dass ohne mich, die ich die Vermittlerin zwischen beiden Welten bin, sie ihrer Arbeit nicht nachgehen können... das vermittelten sie mir jetzt.

Isolierung

Dass es tatsächlich so weit kam, dass ich von ihnen abgeschnitten wurde, war, weil Ahriman versuchte mich zu isolieren und, er hatte es fast geschafft. Ein ganzes Jahr lang hatte ich mich nicht aktiv mit den Elementarwesen unterhalten.
Was hiernach passierte kannst du vielleicht nicht glauben, aber es fand doch so statt: Die Pflanzen und Bäume um mich herum bekamen mehr Farbe; der Grauschleier, den ich über ihnen gesehen hatte in den letzten Wochen, fing an sich langsam zu erheben und ich konnte wirklich sehen, wie sie sich, wie eine Welle, von dem ganzen Tal und den Bergen um mich herum erhob. Nicht schnell, aber sehr gleichmäßig und stabil. Bisschen bei Bisschen wurde das Grün etwas grüner, das Rot roter usw. Ich war sehr gerührt und dankbar, zu denen, zu Sharon und zu der Tatsache, dass ich doch immer noch in der Lage bin, diesen Platz in mir zu finden, wo ich einfach nur bin und weiß welchen Schritt ich als nächsten nehmen soll.

Diese ist aber nicht die ganze Geschichte.

Ein paar Wochen danach flogen wir nach Deutschland, wo wir bei einer Freundin wohnten, während der Zeit, in der ich nicht wegen meiner Arbeit anderswo unterwegs war.

Meisterin im Minirock

Bei unserer Ankunft und während wir durch Freunde, die uns willkommen hießen, umringt waren, riss eine Bekannte bewusst die Aufmerksamkeit an sich, dadurch, dass sie Menschen für einen Ausritt, den sie organisierte, einlud, und als ich sagte: „Oh, wie schön, können wir mitreiten?" sagte sie ganz bitter, nein, sie wollten es eine geschlossene Gesellschaft sein lassen. Doch ‚sie' war nur sie selbst, denn alle anderen Eingeladenen waren unsere Freunde. Sie versuchte sehr gezielt, mich von dieser Gruppe von Freunden zu isolieren.

Das war erst schmerzhaft und ich war verletzt, bis ich plötzlich sah, wie ähnlich dies meiner vorigen Erfahrung war: Ahriman will mich isolieren, damit ich meiner Arbeit nicht nachgehen kann.

Eine Woche später die nächste Situation: Ich wollte Fotos von Teilnehmern an einem Pferdelehrgang machen, und, da ein Freund der gerade bei uns wohnte, auch dorthin fahren würde, würde er mich mit hin und zurück nehmen, damit wir nicht zwei Autos benutzen brauchten und keine zwei Autos die Atmosphäre verschmutzen ließen.

Natürlich war die Absprache, dass ich auch wieder mit ihm nach Hause fahren würde. Als er dann nach Hause wegfuhr, hat er mir nicht Bescheid gesagt: Er ließ mich einfach da stehen, und ich musste zu Fuß nach Hause. Da ich erschöpft war von dem ganzen Tag auf den Beinen, um Fotos zu machen, war ich verzweifelt, denn es war eine ziemlich lange Strecke. Dazu trug ich Schuhe, die für so eine lange Wanderung nicht geeignet waren. Ich weinte und bat Gott um Hilfe, um mich mit diesem Kerl auf die richtige Weise zu befassen: Nicht aus meinem emotionalen Unbehagen heraus.

Als ich den Freund fragte, warum er mich nicht mit nach Hause genommen hatte, log er und das konnten alle klar sehen. Ich sagte ihm das, ohne Emotion.

Meisterin im Minirock

Wieder war ich mir bewusst: Die gleiche Taktik; Ahriman will mich isolieren und lässt mich, mich verletzt fühlen, damit ich keine Kraft habe für das, was ich wirklich tun will. Aber wieder konnte er mich nicht kriegen, denn ich war nicht nachtragend: Ich sagte was gesagt werden musste und ließ es dabei.

Das Wichtigste war allerdings, dass ich verstand, wie er zur Sache geht: *Er wollte, dass ich mit ihm **kämpfe**.* Tat ich aber nicht.

Ich kehrte ihm in allen drei Fällen den Rücken zu, wodurch er *keinen* Gegner hatte. Als Gegner würde ich ihn anerkennen als eine Störung und hätte ihm Macht gegeben. Ich ignoriere ihn, mit der Ausnahme, dass ich andere darüber, wie er zu Werke geht, informiere und was sie dann tun können.
Jedoch, nach der Situation in welcher ich Sharon angerufen habe, konnte ich da *nicht* drüber reden, da ich fühlte, dass ich noch nicht stark genug war, ihm *keine* Macht zu geben während ich über ihn redete, weil ich mir nicht sicher war, ob ich emotional hiervon frei genug sein konnte, deshalb bat ich Sharon, es meiner Tochter Erinda zu erzählen.

Erinda ist eine sehr bewusste junge Frau, und wenn sie über diese Situation Bescheid weiß, wird sie vorbereitet sein und erkennen können, wo und wie er in *ihrer* Welt wirkt. Ich möchte die E-Mail, die Sharon ihr dann geschickt hat, mit dir teilen:

Liebste Erinda,

Deine Mutter hat mich gebeten, dir den Prozess zu beschreiben, durch den sie vor Kurzem gegangen ist, da ich mit ihr dadrinnen war, und ich schon mehr bereit bin, es in Worte zu fassen als sie ist. Ich fühle, dass es wegen 2 Gründen wichtig ist...

Meisterin im Minirock

erstens, weil du dann weißt, wo sie sich bewegt und wie sie sich fühlt, und zweitens, weil dies etwas ist, das all uns Menschen betrifft.

Seit langer Zeit müht sie sich schon mit ihren körperlichen Symptomen und mit Sorgen ab, die sie unter kriegen. Sorgen um ihre Gesundheit; ob sie wirklich den Unterschied in der Welt machen kann, den sie dinglich machen will, darum, ob sie alles richtig macht; ob sie wirklich in der Lage ist, zu erkennen, ob sie es richtig tut oder nicht ... und noch so vieles mehr. Dieses Ringen und Sorgen hat sie erschöpft und geschwächt, während es ihre tägliche Portion Energie aufbrauchte und sehr wenig übrig ließ für irgendetwas anderes. Als sie mich am Sonntag anrief, war sie am Ende ihrer Kräfte und hat so viel geweint...
Als sie redete und weinte, war es als ob sie nicht nur wegen Schmerz und Frustration weinte, sondern auch aus Verlust. Und es war dann klar, dass das was sie vermisste, ihre Unterstützung war, ihre Familie von höheren Wesen. Hier auf der Erde hat sie uns, die sie lieben und unterstützen auf alle Weise, die wir können und kennen. Aber sie lebt auf mehreren Ebenen, und auf der höheren Ebene konnte ich sehen, dass die Unterstützung da war, sie aber nicht genug darauf zählte und kommunizierte, um die Kraft und Führung zu haben, um all das zu tun, wofür sie gekommen ist.

Und wir wurden uns bewusst, dass Ahriman da beschäftigt gewesen war. Er ist subtil... wie deine Mutter Steiner zitierte: „Er geht unter die Haut". Er ist der größte Missbraucher... Missbraucher isolieren ihre Opfer, und bringen sie dazu zu glauben, dass alles *ihre* Schuld ist. Durch die Schmerzen und Sorgen nachdrücklich zu betonen, hat Ahriman deine Mutter so besetzt, dass sie mehr *darauf* achtete, als auf ihre höheren Gefährten.

Meisterin im Minirock

Auf diese Art verlor sie ihr Friedenssinn, und so konnte er noch eine größere Spalte zwischen ihr und ihr höheres Unterstützungssystem kreieren. Und im Alleinfühlen konnte sie sich selbst für so viel tadeln. Und das schwächt sogar noch mehr. Je höher eine Person in der Hierarchie steht, je wichtiger ist sie für den größeren Plan.
Da deine Mutter so wichtig ist, hat Ahriman sich sehr viel Mühe gegeben, sie von ihrer Bestimmung fern zu halten.

Aber das werden wir nicht geschehen lassen. Sie realisierte sich, dass ihre geistigen Gefährten immer da sind, und auf sie gewartet haben, damit sie sich ihnen zuwendet, um bewusst und ununterbrochen mit ihnen interaktiv zu kommunizieren. Um dieses wirksam zu tun, musste sie Ahriman den Rücken zukehren. Buchstäblich umdrehen. All ihre Aufmerksamkeit den höheren Einflüssen geben. Sie selbst sagte, dass dieses viel Aufmerksamkeit und Fokus abverlangen wird, da Ahriman ein starker und hinterlistiger Gegner ist und er bemüht sich wie wahnsinnig, um sie fern zu halten. Ihn nicht anzuschauen, ihm Anerkennung abzustreiten, nimmt seine Kraft weg. Das ist nicht das Gleiche als zu leugnen. Wir müssen es sehr klar haben wie gefährlich er ist; zu gleicher Zeit soll es uns klar sein, dass er ein wahrer Verlust von Zeit und Energie ist. Es gibt Besseres zu tun.
So jetzt sind ihre Energien und Bemühungen jetzt gerichtet auf das Hören und Reden mit denjenigen, die mit dem Licht in den höheren Reichen arbeiten, statt nach Ahriman zu schauen. Mit denen zu reden kommt einfacher, als sie zu hören; deswegen nimmt sie sich Zeit alleine zu sein und ermöglicht, dass das, das hören, geschieht.
Ihr Kummer und Gefühl von Verlust ist jetzt, weil sie sich wieder umhüllt fühlt von denen, die sie wirklich unterstützen, viel weniger.

Meisterin im Minirock

Tatsächlich haben wir beide gespürt, wie alles sich veränderte während sich ihr Fokus auf diese Wesen richtete. Sie öffneten ihre Arme für deine Mama, sie waren erleichtert, sie wieder zurück zu haben, sie jubelten, freuten sich.
Selbst die Farben der Bäume und das Licht, das deine Mama sah, veränderten sich, wurden intensiver.
Ich spürte, wie das Universum vor Erleichterung und Erwartung seufzte; denn jetzt können sie weitergehen mit dem, was sie wirklich tun wollen... Ria ist bei ihnen. Es wirkt zweischneidig; wir brauchen die Unterstützung und Führung dieser höheren Wesen und sie brauchen unsere Absicht und Interaktion. Es wirkt nur wenn wir zusammen sind.

Meine Liebe für Ria ist so groß. Meine Liebe für dich ist so groß. Meine liebste, liebste Familie.

Eine liebevolle, große und herzliche Umarmung,
Sharon

Sharon Loerzer, Sa'Sen Yin Therapeutin

Nach diesem Brief realisierte Erinda sich, dass er ihre Angst, nicht genug Geld zu haben, wenn sie wieder anfängt zu studieren, benutzte, sowie sie gerne eine wirklich gute Freundin sein will und sich hier manchmal unzulänglich fühlt. Er hatte sie da, aber jetzt nicht mehr. Sie sieht, dass sie dem Universum vertrauen kann, dass sie bekommt was sie braucht, und weil sie so eine wunderbare Person ist, hat sie wunderbare Freunde, die sie wissen lassen, wie sehr sie sie wertschätzen.

Bei einer anderen Therapeutin, die bei mir in der Ausbildung ist und ein Jahr älter ist als ich, hatte er sie gefangen mit ihrem

Meisterin im Minirock

Bedürfnis einen Partner haben zu wollen. Sobald ich ihr dieses klar gemacht hatte, wurde es ihr bewusst, dass sie keinen Partner *braucht*; sie kann glücklich alleine leben. Also, wenn der Partner nicht der Richtige ist, ist das kein großes Drama. Mit diesem Thema rang sie schon mehr als 3 Jahre!!

Ein anderer Student, der bei mir "Der Kurs" macht, 42 Jahre alt, hatte kein Geld, keine Arbeit und kein eigenes zu Hause. Er lebte mit einem Typen, den er verabscheute und der ihn manipulierte, aber er hatte nicht die Kraft, ihn zu verlassen.
Durch „Der Kurs" und meinen Vortrag über Ahriman und Luzifer sah er, wie er ein Instrument dieser dunklen Kraft geworden war und fing an die Zügel wieder in die eigenen Hände zu nehmen!!

Was du jetzt tun kannst, ist schauen von welchen Problemen du am meisten besessen bist; wo du deine Energie verlierst, und sag ihm dann: ‚Du kannst mich mal, keine Chance!' und dann kehrst du ihm den Rücken und fokussierst dich auf deinen Vorsatz, sogar wenn dein Vorsatz ‚nur' Glücklichsein ist. Wenn du versuchst glücklich zu sein, ohne besitzergreifend zu sein, wird das höchstwahr-scheinlich gelingen.

Das Bündnis der dunklen Mächte

Ich kann spüren wie du seufzt: Was für ein Beispiel gibt es von einem Bündnis zwischen Ahriman und Luzifer?

Da werde ich dir ein Beispiel geben: Im Moment gibt es viele Menschen die ein gesünderes Leben leben wollen. Sie wählen biologisch angebaute Produkte.
Das ist wunderbar, da es der Weg ist, unseren Planeten zu retten.

Meisterin im Minirock

Aber nur biologisch angebaut ist nicht genug. Wenn wir nicht auch etwas zurück an die Erde geben, sondern nur nehmen, ist das noch immer nicht gut. Die großen Supermarktketten betreiben diese Art von Anbau mit großen Maschinen: Es sieht gut aus, weil es Bio ist, aber das ganze Prinzip hinter Bio ist auch eine faire Welt in allen Aspekten, etwas, das hier nicht stattfindet. Das ist das Bündnis: Es sieht gut aus, da wir Bio nehmen, aber wir sehen nicht mehr als das.

Menschen sind sich dann auch bewusst, dass Bio nötig ist, dass die Erde aber nicht mehr das ist, was sie mal war, sodass viele Gemüsesorten und Früchte nicht mehr die Nährstoffe haben, die sie mal hatten, also... fangen sie damit an, all diese Pillen zu nehmen von Grünem, Vitaminen, etwas für die Knochen, die Leber usw. statt zu versuchen, die richtige Diät zu finden. Auch das ist das Bündnis zwischen Ahriman und Luzifer: Luzifer sorgt dafür, dass es aussieht, als ob sie was Gutes für ihre Gesundheit tun würden durch diese ‚wundervollen' Produkte und Ahriman sorgt dafür, dass sie denken, dass sie ohne diese Pillen nicht leben können.

Bitte, versteh mich nicht falsch: Diese Produkte sind nicht schlecht, und wenn man älter wird ist es gut, um mit manchen davon unsere Gesundheit zu unterstützen, aber ein junger Mensch bis zu 50 kann normal leben, ohne sie zu nehmen, vorausgesetzt sie/er ernährt sich vernünftig.
Was kannst du tun, um zu vermeiden, dass du dich den dunklen (siehst du dass ich keine großen Buchstaben ver(sch)wende?) Kräften hingibst? Das Beste, das du tun kannst ist, in deiner Mitte zu bleiben. Solange du in deiner Mitte bist, wirst du immer eine Idee, eine Kontrolle haben darüber, welches der richtige Schritt ist den du nehmen sollst und für ihn wird es sehr viel schwieriger

Meisterin im Minirock

werden dich von deinem Fokus abzulenken. Hierüber werde ich im nächsten Kapitel: Das Herzchakra, erzählen. Und dann natürlich was ich vorher erwähnt habe: **Unsere Offenheit gegenüber der Inspiration und der Intuition verstärken.**

Wir müssen eine neue, unabhängige Form des Urteilens und Denkens, trotz anderer Einflüsse, erlernen. Hier werden wir unserer Willenskraft Gutes-tun zu können, erhöhen. Und auch hierfür gilt es zu entdecken wie du in deinem Herzchakra sein kannst, denn du solltest in deiner Mitte zu sein.

Meisterin im Minirock

Meisterin im Minirock
Kapitel 7: Das Herzchakra

Das letzte Kapitel beendete ich mit dem Rat an Dich, in deiner Mitte zu bleiben. Dies hört sich so einfach an, dennoch: Wie, warum und wo macht man das?

Zum *wo*:
Im Herzchakra. Es ist das Chakra, welches sich in unserem Körper auf der Höhe des physischen Herzen befindet, doch, anders als das physische Herz, welches mehr auf der linken Seite des Brustkorbs liegt, hat das Herzchakra seinen Ursprung in der Wirbelsäule und öffnet sich spiralförmig zum Brustbein hin; dies bedeutet, dass es sich in der Mitte der Brust befindet.

Zum warum?
Das Herz ist das Zentrum, wo sich unser „Inneres Selbst" oder das so genannte „Höhere Selbst" oder die „Ich-Bin-Präsenz" in unserem Körper befindet. Wenn wir diesen Ort erreichen, gelangen wir zur bedingungslosen Liebe, der Liebe, die in uns lebt und gleichzeitig nicht nur die unsrige ist. Die Verbindung mit dem, was einige Gott oder die göttlichen Kräfte, das Licht, die höhere Intelligenz oder einfach das, was keinen Namen hat, nennen. Hier sind wir verbunden mit Allem. Und wir fühlen uns nicht alleine, solange wir unseren Fokus dort aufrechterhalten.

Die Sache ist, dass die meisten Menschen *nicht* in ihrem Herzchakra und dadurch nicht wirklich präsent sind. Dieses verursacht ihnen Leiden, ob physisch oder psychisch macht keinen Unterschied; dennoch, wenn sie leiden sind sie nicht glücklich und wenn sie nicht glücklich sind ist es für sie sehr schwierig, sich darauf zu fokussieren, Gutes zu tun.

Meisterin im Minirock

Wenn Menschen unglücklich sind, neigen sie dazu, selbstsüchtiger und selbstbezogener zu werden, und oft fallen sie dann in die Opferrolle.

Da dieses dazu führt, dass sie unerfüllt sind, werden sie oft bitter und möchten anderen hierfür die Schuld geben. Sie werden damit beginnen, ihre Wut und Frustration an anderen auszulassen, werden manipulativ und berechnend. Wenn du dich jetzt erinnerst, worüber wir in Kapitel 2 gesprochen haben, kannst Du sehen, wie verheerend dies ist. Es ist nicht der Weg, im Inneren zu wachsen; auch ist es kein Weg, eine bessere Welt (mit) zu erschaffen.

Wenn wir in unseren Herzen sind, werden wir beginnen zu *fühlen*. Wir werden nicht mehr von unseren Emotionen geritten. Auf den nächsten Seiten werde ich dir einige Fragen verschiedener Zuhörer eines Vortrags aufzeigen, welcher einen Tag nach einem Seminar stattfand, sowie auch meine Antworten.

<u>Du sprichst darüber, dass, wenn wir in unserem Herzchakra sind, wir bedingungslos seien. Ich finde das verwirrend aufgrund der Verbindung zwischen Herz und Emotionen. Kannst Du mehr darüber sagen?</u>

Ich sah, dass du gestern während des Seminars sehr präsent warst und du fühlen konntest, dass, wenn du im Herzchakra bist, es sehr ruhig ist. Konntest du das fühlen?

Ja...

Das ist also die erste Qualität. Der laute Lärm der Gedankenmuster schwindet.

Meisterin im Minirock

Nun die zweite Qualität: Wenn der Geist klar ist, also keine Gedanken eintreten und keine Anhaftung vorhanden ist, so entsteht eine Art Gleichmütigkeit. Die Probleme, mit denen du normalerweise beschäftigt bist, spielen keine wirkliche Rolle mehr; das, was ist, ist.

Das ist unemotional. Das ist einfach.
Wenn Leute sagen, das Herz sei emotional, ist dies eine sehr falsche Beschreibung der Herzensqualität. Ich kann dir aber sagen, warum Sie so etwas sagen.
Wenn du emotional wirst, ändert sich das physische Herz, der Rhythmus des physischen Herzens, definitiv.
Der Puls steigt an, weswegen die Leute sagen, das Herz sei emotional.

Aber das Herz ist vollkommen unemotional. Das Herz hat Gefühle. Gefühle *sind* (Punkt). Es ist wie die Liebe: Liebe *ist*. Liebe ist ein Gefühl. Und jetzt der Unterschied: *verliebt zu sein* gibt Wellen, haut sogar unter Umständen um, verliebt sein ist eine Emotion. Liebe bewirkt einen Zustand der Ruhe. Verliebt zu sein erhöht die Herzfrequenz, beschleunigt den Atem und führt zu diesem Gefühl von Schmetterlingen im Bauch.
Wir sprechen von „Schmetterlingen in meinem Bauch", weil die Emotionen von den tieferliegenden Chakren herrühren.

Bezüglich der Herzverbindung mit einer anderen Person: Wenn die andere Person nicht präsent ist, kann die Verbindung dennoch gefühlt werden?

Ja, ich kann dir sagen, was du tun kannst, wenn du fühlst, dass die andere Person nicht präsent ist. Wenn der andere tatsächlich präsent sein will, wie gestern im Seminar:

Meisterin im Minirock

Wenn zwei Leute zu ihrem eigenen Herzchakra gehen und von dort die Verbindung mit der anderen Person herstellen sollten; wenn die Person bereit ist, dort zu sein, sie jedoch hierzu nicht in der Lage ist und du dies bemerkt, kannst du dafür sorgen, dass die andere Person hinunter geht: Du kannst zu deinem Herzchakra gehen und bittest ihn oder sie, herunter ins Herz zu kommen - und zur selben Zeit kannst du tatsächlich verbalisieren, was du dir wünscht, das geschehen möge.

Jedoch, manchmal ist es nicht das, was du tun möchtest, da du merkst, dass die andere Person abgelenkt oder unsicher wird, während sie die Worte hört. Du wirst in der Lage sein, dies zu entscheiden, da du sehen kannst, ob die andere Person sich in Ihrem Herzen befindet; deswegen kannst du auch sehen, ob es der anderen Person möglich ist, deinen Anweisungen zu folgen oder ob sie dadurch gerade abgelenkt sein wird.

Wenn die andere Person *nicht* bereit ist, in ihr Herz zu gehen, kannst du immer noch die Verbindung zu dem Herzen der anderen Person aufrechterhalten, auch kannst du jegliche Informationen zum Herzen der anderen Person schicken. Und wenn die andere Person sich einfach nicht mit ihrem Herzen verbinden kann, wirst du immer noch die Empfangsbereitschaft der anderen Person oder deren Ablehnung spüren.

Du wirst dies feststellen, weil *du* dich in deinem Herzchakra befindest. Wärest du nicht in deinem Herzchakra und würdest dies rein mental durchführen, würdest du weder den Unterschied bemerken noch würde es einen Effekt haben.

Meisterin im Minirock

Nach dem Seminar , immer noch meines Herzchakras gewahr, fühlte ich zusätzlich sehr emotionale Dinge und dachte... (Auf Anfrage zurückgehalten)

Du darfst nicht vergessen, dass wenn du nicht gewohnt bist, in deinem Herzchakra zu verweilen, du eine ganze Menge Emotionen in deinem Körper ansammelst. All diese Emotionen gehen innerhalb deines Systems irgendwohin, was nicht immer der beste Ort ist. Und wenn du dann lernst, mehr in deinem Herzchakra zu sein, beginnen all diese Emotionen hervor zukommen, weil sie nicht mehr "gebraucht" werden. Du beginnst dies zu fühlen und das meiste dessen, was du fühlst, werden Muster oder Teile von Mustern sein, welche der Vergangenheit angehören.

Und dann kannst du zu deinem Herzchakra gehen und dir werden die Tränen kommen, weil manche dieser emotionalen Aspekte des Musters sich befreien, und wenn du dann weinst, weinst du nicht emotional; du bist weder traurig noch leidest du: Du lässt einfach los, so, wie du es bereits kennst, da du es heute erfahren hast. Du hast dich nicht emotional gefühlt, du fühltest einfach <WOW!> Dies war ein Gefühl, keine Emotion. Es trug dich nicht fort.

Als ich gestern in meinem Herzchakra war und mich mit den anderen Teilnehmern im Raum verbunden habe, fühlte ich mich wirklich gut und wirklich gesund und habe mich einfach gefragt: Weil ich dies tue unter dem ganzen Bemühen, eigenständig zu sein, hatte ich in keiner Weise das Gefühl, mich auf jemanden anderen zu stützen.
Kannst Du etwas darüber sagen, die Verbindung zwischen Personen zu trennen?

Meisterin im Minirock

Wenn du in Deinem Herzchakra bist, kannst Du Dich wirklich mit dem ES verbinden, mit all dem was ist; und das Gefühl, "allein zu sein" wird nicht persönlich. Wenn du persönlich eine emotionale Anhaftung an irgendetwas hast, wirst du dich, im Bewusstsein der anderen Person, damit verbinden, du willst dir darüber im Klaren sein, dass es eine Person ist, der du vertrauen kannst, weil du fühlen wirst, was im Herzchakra der anderen Person vor sich geht.

Wenn du dich mit dem allem verbindest, wirst du die Energie von allem fühlen, was immer in Ordnung ist, da es IST, nicht mehr und nicht weniger. Aber jede Person hat ihren eigenen, sowie ich es nenne, "Ausdruck ihrer Manifestation" und dies mag für dich unangenehm sein, außer du bist einfach in der Ich-bin-Präsenz ohne emotionale Anhaftung.

Wenn ich feststelle, dass ich mehr in meinem Herzchakra bin, weitet sich mein Bewusstsein mehr und mehr aus.
Ich habe wirklich das Gefühl, dass auf bestimmte Weise mein Gehirn nicht aktiv ist und nicht in der Weise arbeitet, wie zuvor. Es nimmt auf eine vollständig andere Art Zugriff, ich möchte nicht sagen, auf einen Teil meines Gehirns, aber ich habe Zugang zu etwas anderem, über das ich nicht wirklich nachdenken muss.

Während des Interviews haben wir über das niedere und das höhere Mentale gesprochen. Das niedere Mentale arbeitet durch das Gehirn, das höhere Mentale durch das Herz.
Wenn du also beginnst, in dein Herzchakra zu gehen, kannst du dein Gehirn beschäftigen, mit dem was du willst ,das es tun soll, was dich dann auf jedem Schritt in dein Herz hinein begleitet, wobei du wegen all diesen Gedanken nicht besorgt sein musst, da du wirklich Zugang zu deinem höheren Mentalen hast. Mit deinem höheren Mentalen zu arbeiten bedeutet, dass du vielleicht

Meisterin im Minirock

beginnst, anders zu kommunizieren, ohne so viele Worte. So, wie du dies jetzt gerade tust; du kommuniziert auf eine Weise, die für einige keinen Sinn macht; doch für diejenigen, die in ihrem Herzchakra sind, hat es hingegen eine Bedeutung, da die höheren Konzepte, die nicht von dieser Welt stammen, von und in dem Herzen verstanden werden können. An dieser Stelle wird dasjenige, was die meisten Menschen Verstand nennen, das niedere Mentale, verrückt.

Wenn man in seinem Herzchakra ist, beginnt man jenseits der Worte zu verstehen. Sobald du beginnst, in dein höheres Mentales einzutreten, kannst du tatsächlich über Dinge sprechen, für die es keine Worte gibt, da wir üblicherweise mit den von uns gewählten Worten darum herum gehen und versuchen, mit Worten zu fassen und dem nahzukommen, was wir meinen.

Es gibt viele Dinge, die für das höhere Mentale übersetzt werden müssen in Worte die wir kennen, also werden wir die Bibliothek nutzen, welche in unseren Köpfen ist. Aber solange der Zuhörer in seinem Herzen ist, also mit seinem oder ihrem höheren Mentalen zuhört, kann sie oder er das verstehen, was jenseits der Worte liegt.

Es funktioniert so lange gut, solange wir in unserem Herzen sind = also in unserem höheren Mentalen. Sobald wir uns an der Energie in unserem Herz zu sein und mit dem höheren Mentalen zu arbeiten, gewöhnen, kann unser Gehirn beginnen, sich zu entspannen, denn das würde am liebsten sagen „oh nein, das kann ich nicht! – Ich nehme Urlaub!"

So wird das Gehirn sich hauptsächlich damit beschäftigen, deine Gedärme zu bewegen oder deine Hände hoch zu heben oder dir zu sagen, dass du zur Toilette gehen musst und wird sich hierauf beschränken; dies ist sehr angenehm.

Meisterin im Minirock

Wir werden unser Gehirn, unser niederes Mentales trainieren, nur das zu tun, von dem wir wollen, dass es geschieht – und dies ist deutlich weniger als das, was es normalerweise in einer Person tut. Und wenn das Gehirn erst erkennt, wie gut es sich auf diese Weise fühlt, wird es nicht länger Widerstand leisten.

Ich erkenne, dass ich in praktischen Dingen sehr ins Detail gehe, aber ich denke nicht. Ich habe meinen Verstand nicht eingeschaltet. Das ist sehr erstaunlich!

Du machst all deine praktischen Dinge, weil du weißt, wie du sie zu tun hast. Dein Verstand, die Erinnerung deines Gehirns, weiß wohin, in welcher Abteilung, weiß das richtige Buch zu nehmen, die richtige Sache zu tun. Du brauchst dich da nicht mit zu beschäftigen. Du kannst einfach sein während dein Körper den Rest erledigt. Am Ende eines Tages wirst du feststellen, dass du hierdurch auf eine ganz *andere* Art müde bist.

Es ist dieses „oh, ich kann wirklich gut schlafen!", was sich sehr unterscheidet von „oh, ich bin so erschöpft, ich weiß nicht, wie ich den morgigen Tag schaffen soll!"

Ich fühle, dass auch nach dem Seminar Einige von euch beginnen werden, dies zu erfahren.
Wie die meisten von euch fühlen, ist euer erstes Beispiel: Heute war ein wirklich gefüllter Tag; ihr alle seid müde, gleichzeitig aber erfüllt, jedoch nicht erschöpft, da sich euer Mentales, der Verstand, in Frieden befand.

Ein anderes Beispiel ist, dass, wenn du im Fluss bist und dich in einer stressigen Situation wieder findest, du, vielleicht gegen deine Erwartung, keinerlei Stress erfährst.

Meisterin im Minirock

Sein, wer wir wirklich sind

Zu sein, wer wir wirklich sind, ist nur möglich während wir im Herzchakra sind. Sobald wir unser Herzchakra verlassen, handeln wir aus unserer Persönlichkeit heraus. Unsere Persönlichkeit ist der Teil, von dem wir bemerken, dass er an unseren physischen Körper gebunden ist, den wir durch diese Inkarnation hindurch tragen. Die Persönlichkeit und der physische Körper sind die Verpackung mit welcher/durch welche unser wirkliches Wesen, unser Inneres Selbst sich der Welt zeigt. Es hat eine "Form" angenommen aufgrund unserer astrologischen Bedingungen, unserer Umgebung und der Umstände, in welche wir hineingeboren sind; wie auch die Physiognomie, die wir als Körper gewählt haben. Und all dies haben wir gewählt bevor wir inkarnierten.

Wir haben diese Charakteristiken unseres Lebens so gewählt, um uns zu entwickeln. Deswegen haben wir all unsere Erfahrungen uns selbst zuzuschreiben. Wir sind keine Opfer!! Unglücklicherweise vergessen die meisten Menschen dies, sobald sie von ihrem täglichen Leben absorbiert werden. Sie leben nur ihre Umstände, nicht ihr inneres Wissen, welches sie auch in sich tragen. Dennoch, indem wir "zurück" ins Herzchakra kommen, beginnen wir uns zu erinnern.

Ich bin ziemlich sicher, dass ihr alle dieses Gefühl, diese Erfahrung schon mal hattet: Das, was ich jetzt tue/sage bin NICHT ich!! Aber einmal gesagt, ist es doch da draußen und oftmals kommt später dann das Bedauern. Indem wir fühlen, warum etwas geschah oder woher es kam, können wir häufig zu dem gelangen, was ihr „mich" nennt dass das "Ich" ist, das wirkliche Wesen in eurem Inneren.

Meisterin im Minirock

Bestenfalls werdet ihr dann versuchen, den „Schaden", den ihr mit eurer Persönlichkeit angerichtet habt, wieder gutzumachen; und anschließend werdet ihr euch gut fühlen, denn die Persönlichkeit fühlt sich gut, nachdem sie dem Inneren Selbst gehorcht hat (der Ich-Bin Präsenz).

Der Sinn in und von deinem Leben.

Wenn wir in unserem Herzchakra sind, verschwinden so viele Zweifel. Wir können den Sinn unseres Lebens finden, das, wofür wir wirklich gekommen sind.

Für einige mag dies bedeuten, Musik zu machen, für andere, ein Therapeut zu sein, für Dritte, ein guter Anwalt zu sein... es ist nicht wirklich von Bedeutung, denn, das, wofür Du gekommen bist, wird Dich glücklich machen, während Du es tust. Was Du tust, tue es mit Liebe; wenn Du das nicht kannst, ist es nicht das, was Du tun sollst.
Wenn du in deinem Beruf überhaupt nicht glücklich bist, machst du wahrscheinlich nicht das, wofür du gekommen bist oder zumindest nicht in der Weise, wie du es umsetzen solltest.

Fühl die Leidenschaft, da liegt die Richtung. Leidenschaft entspringt dem Herzen, wie Mitgefühl (welches nicht mit Mitleid zu verwechseln ist) dem Herzen entspringt. Mitgefühl ist ein Gefühl, Mitleid eine Emotion. Wenn jemand Mitgefühl empfindet, versteht er, was geschieht ohne sich einzumischen. Wenn jemand bemitleidet, ist er emotional beteiligt und anhaftend... und befindet sich sogar in einem Zustand der Arroganz. Wenn jemand bemitleidet, bevormundet er.

Meisterin im Minirock

Hast du jemals gefühlt, wie dich jemand bemitleidet? Erinnerst du dich, wie sich das angefühlt hat? Hast du dich dadurch geringer gefühlt als die andere Person? Es fühlt sich unangenehm an, da die andere Person einem das Gefühl vermittelt, man sei in einem bedauernswerten Zustand, die andere Person jedoch nicht. Es fühlt sich an, als ob man verurteilt würde.

Es ist so wichtig, den Weg zum Herzen zu finden, da sich hier die Information befindet, welchen Pfad es zu gehen gibt und welchen Weg wir in unserem Leben gehen sollten. Hier fühlen wir das Potenzial, welches wir haben und das ist sooo viel mehr als das, was Du gerade jetzt lebst!!! Hier kannst Du fühlen, dass du dir nicht entsprechend deiner Konditionierung zu benehmen braucht; hier kannst du dich entsprechend dem verhalten, der du bist, und dies ist ehrlich, wagemutig, extravagant, liebevoll, intelligent, geradlinig, rein, fürsorglich, mitfühlend, freudevoll und leicht.

Realisiere dir: Dein Weg ist einzigartig!!! Ich kann dir dabei *helfen*, dorthin zu gelangen, dir *helfen* zu entdecken; Aber *du* wirst deinen Weg *gehen*, da *dein* Weg niemals zuvor beschritten wurde.

Wenn du in den Fußstapfen eines anderen gehst, gehst du nicht deinen Weg. Wenn du beginnst, die Ansichten eines anderen zu glauben, gehst du nicht deinen Weg.
Wenn du ununterbrochen weise Sprüche von Meistern und Heiligen rezitierst, gehst du nicht deinen Weg.

Dein Weg, wie ich bereits sagte, ist einzigartig: Du bist einzigartig. Also denk für dich selbst, was nicht bedeutet, dass du nicht zuhören sollst; dennoch nimm Dinge in dich auf, lass sie sich setzen und fühl, was in dir und mit dir resoniert.
Glauben hilft nicht. Beobachten schon.

Meisterin im Minirock

Nehmt Risiken; das Leben selbst ist ein Risiko. Wenn du nur wüsstest, wie viele Dinge in deinem Leben bis zum heutigen Tage hätten schief gehen können... dennoch, hier bist du und liest dieses Buch!! Du bist lebendig, gesund und munter!

Also lebe!

So viele Menschen in Angst davor, Risiken einzugehen, sterben beklemmt in ihrem Bett...
Gehe, laufe, und wenn du es brauchst, frage hin und wieder jemanden deines Vertrauens, dir den Weg zu leuchten, damit du klarer sehen kannst, wohin du gehen musst. Aber lass dir nur des Weges leuchten, lass dich nicht von ihnen tragen, sie könnten dich fallen lassen.

Bemühe dich, dein Herzchakra zu finden, jeden Moment, wenn du daran denkst, jedes Mal, wenn du dich daran erinnerst; auch wenn es nur kurz ist, denn jede kleine Bemühung wird dir dabei helfen *mehr* du selbst zu SEIN und dauerhafter.

Wenn du eine Person bist, die immer noch ein selbstboykottierendes System "implantiert" hat, hilf dir dann dadurch, dass du ein Abkommen schließt, wie zum Beispiel: jedes Mal, wenn du auf die Toilette gehst, nimmst du dir einen Moment, um in dein Herzchakra zu gehen. Oder, bevor du dein Auto startest (das ist nicht sehr oft, deswegen für Anfänger sehr gut), nimm dir einen kurzen Moment und versuche, das Gefühl in deinem Herzen zu erreichen. Und wenn du dies erreicht hast – und ich meine schon den bloßen Versuch, wenn das Erreichen deines Herzchakras immer noch schwierig sein sollte – vergrößert dies deine Möglichkeiten *dein* Leben zu leben. Du kannst dir selbst behilflich sein zum Beispiel dadurch, dass du ein Herz auf deinen

Meisterin im Minirock

Badezimmerspiegel klebst und versuchst, in deinem Herzen zu sein, während du dir die Zähne putzt, dich rasierst oder dich schminkst.
Als netter Nebeneffekt wirst du dich beim Rasieren weniger schneiden und beim Schminken wirst du präziser sein ☺.

Ich bin mir sicher, dass du viele (kurze) Momente während des Tages finden kannst, um dies zu üben. Es ist allerdings sehr effektiv, wenn du eine Gewohnheit daraus machst, deinen Tag damit zu beginnen, für 5 bis 10 Minuten dein Herzchakra zu erreichen und dasselbe vor dem Einschlafen, wenn du bereits im Bett liegst; du wirst sehen, dass du beginnst, dich glücklicher, ruhiger und friedvoller zu fühlen. Wenn du dich daran gewöhnt hast, wird dir auffallen, dass deine Tage heller und deine Nächte entspannter werden.

Meisterin im Minirock

Meisterin im Minirock

Kapitel 8: Erleuchtung

So oft bin ich gefragt worden: ‚Bist du erleuchtet?' oder ‚Wie kann ich zur Erleuchtung gelangen?' oder ‚Wann weiß man, wenn jemand erleuchtet ist?' Auch gab es welche die deutlich aussagten: ‚Du bist bestimmt erleuchtet!'

Ehe ich dir die Antworten, dich ich gegeben habe, erzähle, würde ich dir gerne eine Frage stellen: Warum ist es so wichtig auf diese Fragen eine Antwort zu haben?

Warum möchtest du erleuchtet sein? Was gibt diese Tatsache dir? Wird es einen besseren Menschen aus dir machen?

Falls du denkst, dass jemand ein besserer Mensch ist, weil sie/er erleuchtet ist, ist er wahrscheinlich nicht erleuchtet.

Wird es dich glücklicher machen? Bist du wichtiger, wenn du erleuchtet bist? Nimm mal an, du wärest erleuchtet: Dann würdest du bestimmt nicht auf diese Art denken. Ist es dein Ziel erleuchtet zu werden? Dann muss ich dich enttäuschen, da du dein Ziel nicht erreichen wirst, wenn das dein Ziel ist.

Meine Erklärung ist folgende: Lass uns annehmen, dass Erleuchtung ein Kilometer lang ist, das heißt 100.000 Zentimeter. Wieder angenommen, dass die meisten Menschen bei 1 Zentimeter angekommen sind... und ich bin gerade auf 11 Zentimeter... bin ich erleuchtet? Von ihrem Gesichtspunkt aus vielleicht ja, jedoch vom realen Gesichtspunkt aus bin ich das definitiv nicht.
Natürlich bin ich mir bewusst, dass es eine Definition von Erleuchtung oder von ‚erleuchtet sein' gibt.

Meisterin im Minirock

Für mich ist es nicht wichtig erleuchtet zu sein, nicht einmal wenn manche Menschen Erleuchtung definiert haben auf eine Weise, die meiner Beschreibung nicht mal ähnlich ist. Für *mich* ist es nicht wichtig eine Beschreibung von meinem Seins-Zustand zu haben.

Soweit es mich betrifft ist es wichtig, was jede Person fühlt: Kann ich einen Zustand der Liebe erreichen? Kann ich meinen Fokus in meiner Mitte, in meinem Herzchakra aufrecht erhalten? Tue ich alles, was ich tue, mit Liebe? Kann ich die Realität sehen, so wie sie ist, ohne das Bedürfnis sie schöner oder hässlicher zu machen.
Bin ich bereit wahrhaftig zu leben, Die Wahrheit zu leben?

Versteh mich nicht falsch, ich will hiermit nicht sagen, dass du in der Lage sein musst, dies alles zu können, ich möchte ganz bestimmt nicht, dass du das Gefühl bekommst bis jetzt alles verkehrt getan zu haben, aber dein Wille muss so fokussiert sein, dass du so leben willst. Auf diese Art wirst du dich so verhalten und etwas ausstrahlen, das liebevoller wird und automatisch wirst du deine Umgebung beeinflussen. Du wirst einen Unterschied ausmachen; du wirst TeilnehmerIn sein an der Schöpfung einer besseren Welt.

Viele Menschen finden oder machen sich selbst interessanter dadurch, dass sie sich hohe Ziele setzen, wie das Beeinflussen der menschlichen Evolution. Jedoch setzen zu viele Menschen sich Ziele, suchen sich diese Ziele und deswegen werden sie spirituelle Junkies. Ich gebe dir hier ein Beispiel: Eine Person meditiert jeden Tag. An einem bestimmten Punkt, begleitet durch einen spirituellen Lehrer, erreicht sie den Seins-Zustand mit Allem Eins zu sein. Diese Person erfährt dieses als Seligkeit. Ab jetzt sucht diese Person diese Erfahrung in allen zukünftigen Meditationen, aber, zu ihrem großen Leidwesen, kommt dieser Zustand nie wieder.

Meisterin im Minirock

Statt aus der Meditation Nutzen ziehen zu können, wird diese Person bitter, deprimiert, frustriert, beunruhigt oder ähnliches.
Das heißt jetzt nicht, dass du aufhören sollst mit meditieren!! Meditation ist in sich selbst ein Ziel, also ja, meditiere. Das Interessante ist, dass, sobald wir fähig sind dieses Zusammensein, oder das nicht getrennt vom Alles-was-ist, zu erfahren, wir es gar nicht als einen Zustand der Seligkeit spüren. Wir fühlen es bloß. Es ist ein sehr stilles und zu gleicher Zeit sehr umfangreiches Gefühl.

Nicht umfangreich im Sinne von Raum, da es nicht begrenzt ist durch das Konzept -Raum-, aber umfangreich im Sinne von Unbegrenztheit auf alle Art und Weise: Unbegrenzt im Raum, unbegrenzt in der Zeit, unbegrenzt in der Art wie das Mentale arbeitet, unbegrenzt in Konzept(e)... bloß unbegrenzt. Ich würde nicht mal sagen unbegrenzt von Allem, da Alles irgendwie eine Begrenztheit impliziert, eine bestimmte Totalität die sich anfühlt, als ob sie Grenzen hätte.
Es gibt keine Grenzen außer wenn man anfängt zu denken ohne in diesem Nicht-getrenntsein zu bleiben. Beim denken an dem Platz, wo wir dieses Nicht-getrenntsein erleben, sollen wir wissen, dass das Herzchakra kein Platz im Raum ist.
Diese Stille ereignet sich, oder befindet sich im Herzchakra.

Unsere Rolle in der menschlichen Evolution spielen wir immer, mit allem was wir tun, so wenn du fühlst, dass wir liebevoller und friedlicher miteinander sein sollten, wirst du selbst anfangen müssen dich entsprechend zu benehmen.

Die menschliche Evolution ist etwas, das ständig stattfindet, die ganze Zeit, deswegen müssen wir uns die ganze Zeit bewusst sein, dass alles was wir tun eine Auswirkung hat. Viele von den Ideen, die ich in Kapitel 2 gegeben habe, werden helfen.

Meisterin im Minirock

Vom Herzchakra aus zu leben macht es einfacher und effektiver.

Zurückkommend zu dem Fall von jemand, der sich selbst das Ziel erleuchtet zu werden gesetzt hat:

Diese Person setzt sich selbst unter sehr viel Druck, was wiederum belastet, was wiederum Energie schluckt, was einerseits schlechte Gesundheit verursacht, das anderseits (meistens) einen Zustand des emotionalen Ungleichgewichts verursacht, sodass das Ziel der Erleuchtung weit weg gedrückt worden ist und unerreichbar wird. Sobald diese Person das Erreichen von Stille als Ziel setzt, dreht sich der Prozess wieder um.

Es ist alles so simpel: Lass es sein mit all diesen „gewichtigen" Worten und werde eine liebevolle, großzügige Person. Lass deine Glaubens-sätze los, alle. Das macht den Unterschied. Dann lernst du mehr in deinem Herzen zu bleiben und während du das ganz bewusst machst, wirst du automatisch, was wir einen Zustand des höheren Bewusstseins nennen, erreichen. Versuch dieses aber nicht in der umgekehrte Reihenfolge zu machen, da dies die Welt leiden lassen wird und du wirst eine Beute für die dunklen Mächte. Intelligenz ohne Liebe ist ein gefährliches Werkzeug!!

Unser Ziel, wenn wir uns eins setzten wollen, sollte sein von unserer Kultur eine Kultur des Herzens machen zu wollen!

Es ist wichtig, dass du dir realisierst, dass leben auf liebevolle Art von deiner inneren Bereitschaft kommen soll, wirklich ein besserer Mensch zu werden als du bist. Wenn du nur so agierst, weil du diesen Bewusstseinszustand erreichen willst, wird es nicht wirken. Es muss aus Selbstlosigkeit und Großzügigkeit kommen.

Meisterin im Minirock

Es kann sein, dass du das Gefühl bekommst, dass dieses für dich unerreichbar ist; dass du keine Möglichkeit hast in der Schöpfung einer ‚besseren' Welt eine Rolle zu spielen.

Das ist nicht wahr!

Alleine schon die Tatsache, dass du probierst; die Tatsache, dass du deine Willenskraft einsetzt zum Versuchen, wird schon eine Auswirkung haben. Deine Energie die die richtige Absicht in sich hat, ist ansteckend und wird andere mobilisieren.

Es kann sein, dass du Bücher gelesen hast, die dir sagten, dass du nur *sein* sollst, nicht *probieren*. Das ist in Wirklichkeit aber unmöglich. Wenn du es nicht mit Willenskraft tust, wirst du nicht wirklich das leben werden, was du bist.

Wir sollten nie vergessen, dass, trotz dem viele Menschen sagen dass wir eine Illusion leben, diese Illusion die Realität ist auf der Bewusstseinsebene, auf der wir leben. Also ist das Beste was du tun kannst, diese Realität zu beachten. Sehe, wo du deine Schwierigkeiten hast. Beachte sie ohne zu bewerten und benutze deine Willenskraft. Gib dir selbst kleine Disziplinen. Nicht nur um der Disziplinen willen, sondern nützliche. Zum Beispiel: Putze deine Zähne und benutzte jedes Mal danach Zahnseide für die Zwischenräume, nicht nur abends.

Wenn du diese mit links hinkriegst, nimm die nächste: Ein Glas warmes Wasser so bald du aufstehst. Und die nächste: Wenn du irgendwo warst, wo du mit vielen Menschen zusammen warst oder in der Stadt warst, ziehe dich um, so bald du nach Hause kommst, um diese Schwingungen nicht mit zu nehmen in dein Privatleben.

Meisterin im Minirock

Du siehst, wie einfach es ist kleine Disziplinen anzufangen, die super nützlich sind und dadurch stärkst du deine Willenskraft.

Eine andere Art deine Willenskraft zu stärken: Tue etwas wobei du dein Gleichgewicht trainieren willst: Über einen umgefallen Baumstamm gehen, nur auf der Kante vom Bordstein laufen, über Felsbrocken balancieren, auf einem Bein stehen (und deine Arme hochheben, sie sogar bewegen), im Wald spazieren und deine Arme immer wieder weit öffnen, so langsam gehen, dass du ganz lange auf einem Fuß stehst usw.
Du siehst es gibt viele Wege dieses zu üben und deine Willenskraft wird zunehmen.

Wenn deine Willenskraft zunimmt, wirst du es einfacher finden immer und immer wieder versuchen zu wollen, dich in deinem Herzchakra zu fühlen. Wenn du das öfter tust, wirst du bemerken, dass du in deinem Alltag hiervon Früchte pflückst, da du nicht mehr so emotional noch impulsiv reagieren wirst; du wirst dich ruhiger fühlen; du nimmst deine Entscheidungen einfacher, deine Intuition wird schärfer und du wirst dich einfach glücklicher fühlen. Du wirst es weniger nötig haben von deiner Vergangenheit zu leben, da du mehr und mehr im Jetzt bist, und das Jetzt ist alles was du hast. Wenn du vergisst im Jetzt zu leben, dann lebst du... was? Du kannst nur in diesem Moment leben. Denn was kommt, ist noch nicht hier, also kannst du es nicht leben, und das was war, ist vorbei, das kannst du auch nicht leben.

All diese Seins-Zustände passieren zu gleicher Zeit. Sobald du dein Herzchakra erreichst und dich da drin fühlen kannst, lebst du im Jetzt. Manche nennen das Erleuchtung. Ich brauche ihm keinen Name zu geben, denn das trennt es von dem nicht-erleuchtet sein, oder von den nicht erleuchteten Menschen.

Meisterin im Minirock

Aber alle sind wir, irgendwie, auf dem Weg, das zu leben *was ist*. Um mal ganz ehrlich zu sein: Du kannst nur das leben, was ist!!! Der einzige Unterschied ist, dass du es bemerkst, oder auch nicht. Das ist der Unterschied zwischen bewusst oder nicht bewusst sein. Bewusst sein bedeutet, dass du dein „Sein" bemerkst. Sobald du in deinem Herzchakra bist, bemerkst du dass du *bist*. Und das wird genug für dich sein, ohne dass du dich jetzt in eine faule Person verwandelst, denn, sobald du hier bist, wirst du es lieben diese Erfahrung mit anderen zu teilen, damit sie auch so leben können. Und du wirst den Drang -Gutes tun zu wollen- spüren. Das ist die Kultur des Herzens!

Meisterin im Minirock

Meisterin im Minirock

Kapitel 9: Kommunikation

Verschiedene Kommunikationsarten

Über Kommunikation, sprich Verständigung, schreiben ist nicht so leicht, da fast alles, was wir im Leben tun, mit Verständigung zu tun hat. Wir kommunizieren auf viele verschiedene Weisen, meistens ohne Bewusstsein.
Wir kommunizieren mit Körperhaltungen, deswegen der Ausdruck Körpersprache. Wir kommunizieren mit Gesichtszügen, der so genannte Gesichtsausdruck. Wir kommunizieren mit unseren Gedanken, was wir, in bewusstem Zustand gemacht, Telepathie nennen, aber wir kommunizieren mit unseren Gedanken genauso wenn wir unbewusst, uns nicht bewusst, sind.

Aber die Form der Kommunikation, die wir am bewusstesten benutzen, ist die verbale Kommunikation, und zu gleicher Zeit ist es in dieser Art der Kommunikation, in der wir am leichtesten Fehler machen. Wir sind uns zwar bewusst, dass dies Kommunikation ist, trotzdem reden wir ohne Bewusstsein. Hier verursachen wir, ohne es zu wissen, Missverständnisse, obwohl beide Parteien die gleiche Sprache sprechen!!

Gute Kommunikation kann die Welt verändern. Gute Kommunikation benötigt ein ganzes Set von inneren Einstellungen und Werten, wie Ehrlichkeit, Integrität, Selbstkenntnis, um mal ein paar zu nennen.
Wir sollen uns bewusst sein, dass wir die ganze Zeit kommunizieren. Wir haben eine Beziehung mit etwas oder jemand um uns herum; vielleicht kommunizieren wir mit Pflanzen, dem Gebäude, der Ampel, Gott, unserem Nachbarn, der Waschmaschine, unsere(r)(m) PartnerIn, unserem Bett, unserem Körper, unserer Garderobe… wir sind Wesen in Kommunikation.

Meisterin im Minirock

Wie ich schon sagte, geht das meiste unbewusst. Warum ist das so?

Nachdem du über das Herzchakra gelesen hast, rätst du es vielleicht schon, und du rätst richtig: Weil du nicht zentriert bist. Du bist nicht in deiner Mitte, in deinem Herzchakra.

Was passiert, wenn du einen Nagel in die Wand hämmerst und auf deinem Daumen haust? Deine erste Antwort ist jetzt: Ich war nicht in meiner Mitte. Das stimmt. Also kommunizierte ich mit... nur mit dem Nagel und Hammer, sogar mit der Wand, aber ich vergaß meine Finger. Ich ließ die Aktion des Hämmerns auf unbewusste Art ablaufen. Das tut weh.

Tatsächlich verursacht verkehrte oder unzureichende Kommunikation auf irgendwelche Weise Schmerzen. Vielleicht verursacht es dir, der/dem Agierenden, Schmerz, oder egal wem, mit dem du kommunizierst.

Wir sind uns so wenig bewusst von dem, was wir ausstrahlen, dass wir seine Wirkung in der Welt unterschätzen. Wenn wir mit bewusster Liebe für die Natur in die Wälder spazieren gehen, kommunizieren wir dieses tatsächlich an alles das da lebt, und wir unterstützen die Elementarwesen in ihrer Funktion die Wälder zu pflegen. In dem Fall, dass wir einen Platz besuchen wo es Wasser gibt, wie einen See, Bach, Fluss oder Quelle, statt nur zu genießen, genießen ist nur empfangen, können wir buchstäblich unsere Freude, unsere Wertschätzung, dem Wasser *geben*. Da Wasser die Qualität hat Information speichern zu können, wird diese Information eine Menge Gutes tun!!
Es ist so einfach gut zu kommunizieren; aber... wir müssen Bewusstsein üben um es zu tun.

Meisterin im Minirock

Gerade jetzt spüre ich etwas Ungeduld in einigen von euch; du wartest darauf, was ich zu sagen habe über Kommunikation zwischen Menschen.
Der Grund warum ich so angefangen habe wird aber bald sehr deutlich!

Kommunikation von Menschen mit Menschen

Wenn wir mit einer Person kommunizieren, egal welcher Person, kommunizieren wir mit einem Menschenwesen. In der Kommunikation mit einem Menschen können wir uns einige Regeln vorschreiben und die erste Regel sollte sein: **Bewusst nicht verletzen wollen**!! Das ist nicht das gleiche, wie jemand nicht verletzen, noch dass die andere Person sich nicht durch das, was du zu sagen hast, verletzt fühlen könnte. Jedoch wenn du vorsichtig bist so zu kommunizieren, dass du bewusst nicht weh tun willst, tust du es richtig.

Das heißt, dass du nichts sagen wirst, was nicht wahr ist. Das bedeutet, dass Sätze wie –du bist ein Arschloch- und ähnliche nicht geäußert werden, denn kein Menschenwesen ist ein Arschloch. Du kannst vielleicht sagen: -Die Art wie du dich benimmst, erinnert mich an-. Nichtsdestoweniger wenn du das tust, weil du möchtest, dass die andere Person sich schlecht fühlt, hast du der ersten Regel schon nicht gehorcht. Sag es nur, wenn du einen Fakt erwähnen musst; wenn nicht, tue es nicht!
Sei dir von deinem Gesichtsausdruck bewusst während du sprichst; spricht aus deinem Gesichtsausdruck Verachtung?
Wenn dem so ist, tust du den anderen weh. Ist der Ton deiner Stimme voller Verachtung?

Meisterin im Minirock

Du musst es dir realisieren, dass du absolut kein Recht auf Verachtung hast, niemals!!! Auch nicht, wenn jemand dir weh getan hat oder dir andere schreckliche Sachen angetan hat, denn du siehst nicht die ganze Geschichte; du weißt nicht wirklich, wie diese Person dazu kam. Hier hast du also schon 2 Gründe warum du keine Verachtung zeigen oder sogar spüren solltest.
Sei dir bewusst, dass, auch wenn du es schaffst in deinem Gesichtsausdruck keine Verachtung zu zeigen, aber deine Persönlichkeit hiervon voll ist, dieses die andere Person trotzdem erreichen wird, wie eine Schlange unterm Gras, und das heißt, dass du ihr weh tust. Und du darfst anderen nicht weh tun.

Natürlich wird es vorkommen, dass du in bestimmten Situationen genau alles so sagst, wie es ist; du wirklich nicht wehtun willst, dass aber das was du sagst eine unbequeme Wahrheit ist, und, möglicherweise auch noch obendrein es genau auf ein altes Muster dieser Person trifft, und die Person sich verletzt fühlt.
Das brauchst du nicht zu verhindern. Du kannst der Person sagen, dass es dir leid tut, dass sie/er sich verletzt fühlt, dass du ihr ganz bestimmt nicht wehtun möchtest, die Wahrheit aber gesagt werden musste. Wenn du in der Lage bist, etwas ohne Emotionen zu sagen, wirst du bemerken, dass die meisten Menschen, jung und alt, das, was du ihnen sagen willst, viel leichter akzeptieren können. Und das ist die zweite Regel, die du üben kannst: Wenn du emotional unstabil bist, nimm dir dann die Zeit bist die Welle vorbei ist und reagiere dann erst. Versuch *nicht* zu reagieren während du noch auf einer emotionalen Welle reitest. Sogar wenn es sogenannte positive Emotionen sind wie Freude oder Dankbarkeit, da du sonst Unbehagen in den Anderen auslösen könntest da sie sich überwältigt fühlen.

Meisterin im Minirock
Nimm Dir die Zeit

Wichtig ist dir zu realisieren, dass du niemand eine Erklärung schuldest, noch eine Antwort.

Viele unter uns versuchen das Loch, das die Erwartung der Anderen ist, zu füllen und fühlen sich entsprechend verpflichtet, zu reagieren, zu antworten, sofort.

Das führt nicht nur oft zu Missverständnissen; es verursacht auch eine Menge von dem, was ich verbalen Durchfall nenne. Wir reden eine Menge und sagen sehr wenig. Ich nehme an, dass dir das nicht neu ist, aber warum hast du nichts unternommen es zu ändern? Weil vieles verursacht wird durch alte Muster, die dir nicht bewusst sind.

Es ist sehr hilfreich, dich selbst zu fragen: was ich gerade sagen will, ist das wirklich wichtig? Wenn nicht, versuch es zu lassen. Aber, wenn du etwas Wichtiges zu sagen hast und du weißt, dass das was du sagst wahr ist, obwohl unbequem, sag es.

Wir müssen auch lernen das zu sagen was wir sagen wollen und dazu zu stehen. Worte wie vielleicht, ich denke, oder in der verkehrten Zeitform sprechen, wird verursachen, dass du ausweichend sprichst: Ich *könnte* morgen kommen, *vielleicht* wäre es schön wenn wir ausgehen *würden*; während du wirklich meinst: Ich kann morgen kommen, und, ich will dass wir ausgehen. Steh zu dem, was du sagst, mach es nicht schwächer, nicht mal wenn du denkst, dass du dich vielleicht zu heftig anhörst. Wenn du willst, dass die andere Person weiß wie die Dinge für dich sind, wirst du dich entsprechend ausdrücken müssen, das heißt, steh zu dir selbst.

Meisterin im Minirock

In der Zeit in der wir leben ist in unserer Welt so viel Schaden den verschiedenen sogenannten ethnischen Menschengruppen zugefügt worden, dass wir uns nicht mal trauen etwas über jemand von einer anderen Hautfarbe als weiß zu sagen. Ich meine, anders als weiß-weiß.

In Schweden und der USA sprechen sie über Spanier oder Italiener von Menschen von anderer Hautfarbe, obwohl sie offiziell zur weißen Rasse gehören.

Wir trauen uns nicht über arabische Menschen, oder schwarze Menschen zu reden und in den USA sind wir vorsichtig und reden über native Amerikaner und wer weiß was wir damit meinen? Reden wir über Indianer? Wenn ja, warum nennen wir sie nicht so? Kann eine indianische Person nicht stolz sein auf ihr Indianer-sein? Einfach normaler Stolz, wie ein Mensch, der froh ist geboren zu sein. Das gleiche gilt für eine schwarze Person oder einen Hindu usw., denn wir sind alle menschlich und jeder von uns hat seinen Daseinsgrund. Aber, mach nicht so einen Wirbel drum, denn Menschen sind nicht besser oder schlechter oder mehr oder weniger wert weil sie eine bestimmte Farbe oder Religion haben oder aus einem bestimmten Teil der Welt kommen.

Wenn wir uns ganz durcheinander bringen, um die richtigen Worte zu finden für das, was offensichtlich ist und dabei trotzdem versuchen auszuweichen, verlieren wir unsere Farbe, unsere Farbe der roten Rose, die wir sind.

Wenn du aufrichtig, objektiv und ehrlich bist, kombiniert mit einer liebevollen Haltung, wirst du kein Problem haben. Menschen werden erleichtert sein, dass endlich jemand die Dinge bei ihren Namen nennt.

Meisterin im Minirock
Sein wer Du bist

Das ist natürlich nur möglich, wenn du dich benimmst wie du bist; wenn du dein Potential lebst. Und dein Potential kannst du mehr und mehr leben durch in deinem Herzchakra zu sein.

In deinem Herzchakra sein bedeutet: Präsent sein. Nur wenn du wirklich präsent bist, wirst du in der Lage sein, so zu kommunizieren, wie Kommunikation gemeint ist: Um Verständnis zwischen den Menschen zu bewirken.

Sein wie du bist heißt auch: In der Gegenwart leben. Wenn ich vorher sagte: Präsent sein, ist es logisch, dass das bedeutet in der Präsenz=Gegenwart leben. Wie könntest du überhaupt in der Vergangenheit präsent sein☺, oder in der Zukunft☺?

Jetzt fragst du: Wie können wir uns selbst sein?

Ist das keine interessante Frage?
Wenn du nicht in irgendeiner Form schon bewusst wärest, hättest du diese Frage nicht gestellt, da eine bewusste Person alleine sich selbst finden wird. Damit meine ich, wenn du diese Frage gestellt hat, bist du definitiv auf dem richtigen Weg! Das bedeutet nicht, dass, wenn du hierbei Hilfe brauchst, das falsch wäre. Aber am Ende kannst nur du selbst herausfinden, wer du bist!

Ich kann ich selbst sein dadurch, dass ich nicht ein Sklave der Zeit bin, durch anzufangen zu beobachten. Sobald ich aufhöre mich selbst unter Druck zu setzen und mir Zeit zum Beobachten nehme, das heißt, die Situation außerhalb von mir UND mich selbst beobachte, von drinnen, meine körperlichen Reaktionen und Empfindungen, habe ich die Zeit verlassen, ich bin im Jetzt.

Meisterin im Minirock

Es ist einleuchtend, dass, wenn ich im Jetzt bin, ich präsent bin; ich *bin*!

Wenn ich sage `beobachte´, meine ich die reine Beobachtung, die frei ist von Bewertungen und Vorurteilen. Beobachten heißt zu schauen was *ist*. Ohne Spekulation. Wenn du beobachtest, also deine Zeit nimmst ohne Eile, ohne Druck, wirst du von drinnen *fühlen,* was du tun sollst und was nicht.

Das ist nicht etwas, das du denkst, das ist etwas, das einfach ist, obwohl manche Menschen sagen würden: Es ist etwas, das dir einfach kommt. Es fühlt sich an, als ob es zu dir *kommen würde*, da die Erfahrung von nur Sein neu ist und es sich immer noch anfühlt, wie eine Handlung oder Bewegung.

Das verursacht, dass alles was in dir ist, in deinem Sein, sich neu anfühlt, wie etwas, was entdeckt werden will; und auch deswegen fühlt es sich an wie Aktion, obwohl das, was wir Wissen nennen könnten, immer da ist und immer da war.

Von diesem Platz des Du-selbst-seins wirst du anfangen, erst mit dir selbst zu kommunizieren.

Du wirst dies nicht wie eine Handlung tun, obwohl im Anfang es sich vielleicht so anfühlt, weil du dein Mentales benutzt, um dahin zu kommen. Du wirst dich in deinem Herzchakra befinden, und nur durch diese Erfahrung wirst du es stiller und stiller empfinden, und mitten in dieser Stille fühlst du Liebe. Bleib einfach da, lebe diese Liebe, da dieses deine tiefe Kommunikation mit dir selbst ist und der einzige Weg (soweit ich das sehen kann) dich selbst richtig lieben zu lernen.

Meisterin im Minirock

Wenn du es schaffst, hier etwas länger zu verweilen, wirst du spüren dass du größer bist als das, was nur innerhalb der Grenzen deines Körpers existiert; du wirst merken, dass du tatsächlich ziemlich groß bist, weit ausgestreckt über die Grenzen deines Körpers und deiner Aura. (hier siehst du, dass sogar deine Aura nicht das wirkliche Du ist; jedoch ist sie Teil deiner Persönlichkeit.)
In diesem erweiterten Zustand kannst du die Anwesenheit von dem, was die meiste Menschen Gott, das Göttliche, das, was keinen Namen hat, nennen, spüren. Du kannst auch die Verbindung mit Allem was ist, egal ob Menschenwesen, oder das Tier-, Pflanzen- oder Mineralreich, fühlen und alles was weit darüber hinaus geht/ist; dies können wir nicht benennen, da wir hierfür keine Worte haben, in dem Bewusstsein in dem wir unseren Alltag leben.
Das ist der Zustand von -wirklich sein was der Mensch tatsächlich ist-!! Dies ist ein Zustand, den wir als Frieden empfinden werden.

Je öfter wir uns bewusst sind, dass wir hier sein können, und uns auch in dem hier sein üben, desto mehr werden wir anfangen auf eine Weise zu kommunizieren, die dazu beitragen wird, dass die Welt um uns herum harmonischer wird. Die Elementarwesen werden anfangen sich zu freuen, denn mit uns können sie ihre Berufung erfüllen; die Pflanzen um dich herum werden gesünder wachsen; die Gärten ringsumher werden mehr Vögel und Bienen anziehen; die Tiere werden dich lieben und die Menschen um dich werden anfangen, dich als anders zu sehen, als jemand Bemerkenswertes und werden vielleicht deinem Beispiel folgen.

Natürlich kann es sein, dass andere neidischer oder wütend werden, weil sie dich nicht mehr manipulieren können; das macht nichts.

Meisterin im Minirock

Wenn du auf deinem ‚Platz' des Friedens stehen bleibst, wird es dich nicht negativ beeinflussen, und schließlich wird das auf sie einen positiven Effekt haben, da du ihr ‚Zeug' bei *ihnen* lässt, sodass sie nur sich selbst gespiegelt sehen.

Natürlich kannst du ihnen erzählen, was geschieht, falls dieser Antrieb aus der tiefen, inneren Stille herkommt. Aus deinem Herzen heraus wirst du die richtigen Worte und den angemessenen Ton in deiner Stimme, sowie den Ausdruck von Gesicht und Körper finden, um ihnen das zu sagen, ohne dich emotional zu involvieren.
Es ist wichtig für dich, dich nicht zurückzuhalten, wenn du im Sein bist, wenn du von deinem Inneren Ich aus agierst; denn zurückhalten, bedeutet dass du in dem Moment keine rote Rose sein kannst. Du wirst konditioniert auftreten, da deine Persönlichkeit dich zurückhalten möchte, damit du dich wie eine graue oder fast graue Rose verhältst.
Wenn du im Sein bist, deinem inneren Wesen, wirst du nicht von deiner Emotionen aus agieren.
Du wirst sie fühlen, beobachten und für das nehmen, was sie sind, aber du wirst darüber hinaus gehen und von deinem inneren Wesen aus agieren, und das ist mitfühlend und liebevoll, denn du *bist* Mitgefühl und Liebe. (Vielleicht hast du das noch nicht entdeckt☺)

Gesichts- und Körperausdruck

Wir haben jetzt eine Menge über *reden* geredet, aber wir kommunizieren mit allem was wir sind und haben. Deswegen ist es so wichtig, sich selbst zu beobachten.

Meisterin im Minirock

Wenn wir reden, werden wir auf eine bestimmte Art stehen oder sitzen, vielleicht mit unseren Armen verschränkt. Auf diese Weise geben wir schon, zum Beispiel, das Signal: ‚Ich kann einen Scherz machen oder kritisieren, kann es aber nicht haben, wenn jemand anders das mit mir macht'.

Wenn du wirklich kommunizieren möchtest, musst du verstehen, dass in Kommunikation jeder Kommunizierende die Fähigkeit von Geben und Nehmen, von Sehen und Gesehen werden, von Reden und Zuhören beherrschen muss.

Das Zuhören bedeutet nicht nur zuhören mit den Ohren, sondern auch mit den inneren Kapazitäten, die wir Beobachter nennen. Auf diese Art beobachten wir und lassen herein, wir sind wirklich empfänglich, und sind so entsprechend ein aktiver Anteil der Kommunikation.

Das bedeutet auch, dass, wenn du wirklich zuhörst während jemand spricht, du vergessen wirst, was du sagen wolltest. Wenn du festhältst an dem, was du sagen willst, wirst du nicht zuhören. Dementsprechend wird sich dein Gesichtsausdruck verändern; dein Ausdruck wird eine Art Leere bekommen und die andere Person bekommt das Gefühl dich verloren zu haben.

Deswegen wird sie versuchen überzeugender zu reden, belehrend, beharrend, heftig, um deine Aufmerksamkeit wieder zu bekommen. Oder, wenn die Person in ihrem Herzen ist, wird sie aufhören über das Thema zu reden und wird dir ihre Erfahrung des Moments mitteilen. Leider passiert diese letzte Option nur selten. Meistens, nach dieser Intensität oder Heftigkeit wird die Person anfangen sich unbequem zu fühlen oder reizbar und die ganze Absicht der Kommunikation ist den Bach runter,

Meisterin im Minirock

denn die Absicht von Kommunikation ist das Liebe-Teilen und das kann nur in einem Zustand von gewolltem Verständnis auftreten.

Beobachte, wie du jemand anschaust; fühle deine Gesichtsmuskeln, deine Körpermuskeln; fühle was angespannt ist und entspanne. Lächle, da Lächeln einen ganzen inneren Zustand verursachen kann. Aber bemerke: Ich sagte LÄCHLE, nicht grinse!! Wenn wir lächeln ist der Mund weich, die Wangen sind sanft erhoben und fühlen sich auch weich an; die Augen fühlen sich sanft an. Mit einem Grinsen sind die Lippen hart, die Augen schauen schärfer und es gibt Spannung in den Kiefern.

Jetzt überprüfe deinen Körper: Sind deine Schulter runter, gelöst und locker? Sind deine Hände entspannt; ist deine Sitz- oder Stehhaltung ruhig und stabil? Achte besonders darauf, dass du gerade bist. Eine gerade Wirbelsäule gibt *dir* ein besseres Gefühl und du siehst aufrecht aus, aufrecht wie rechtschaffen, im Gegensatz zu hinterhältig.

Wenn du diese Details beobachtest, beobachte dann die Person mit der du kommunizierst; schau in ihr Gesicht und sehe, was dieser Ausdruck in deiner Persönlichkeit verursacht.
Beobachte ihren/seinen Körper und spüre, ob das irgendein Unbehagen in dir verursacht; oder bemerkst du dass die Person sich in ihrer Haut nicht wohl fühlt? Wenn *du* das bemerkst, sei dann rücksichtsvoll und realisiere dir, dass das alles, was die Person sagen oder tun wird, beeinflussen wird.

Wenn du es schaffst in deinem Herzchakra, in der Liebe und Stille, zu sein, wirst du fühlen, ob es hilfreich wäre, sie zu fragen, ob sie sich wohl fühlt oder nicht.

Meisterin im Minirock

Versuche den ganzen Tag immer wieder zu schauen, ob du entspannt bist, ob du nur die Muskeln, die du brauchst, bewegst und nicht unnötige Spannung in deinem Körper und Gesicht verursachst. Dieser Zustand des Entspanntseins wird auch das Leben um dich herum, das nicht menschlich ist, verbessern; Pflanzen und Tiere werden besser gedeihen und werden dich in einen Seligkeitszustand versetzen. *Hier* gibt es einen Zustand der Seligkeit, da die Persönlichkeit dieses genießen kann; dein inneres Wesen braucht keine Wonne, dein inneres Wesen ist. (Punkt)

Kommunikation durch Gedanken

Wir kommunizieren schon bevor wir sprechen oder handeln. In den meisten Menschen findet ein mentaler Prozess statt, ein Denk-prozess, der schon ihren Worte oder Handlungen vorausgeht.

Begreife, dass alles, was du denkst, sich auf irgendeine Weise manifestiert. Hier ein sehr banales Beispiel das leider doch sehr oft passiert und es ist sooo wahr: Ein junger Mann mag seinen Nachbarn nicht. Er findet seinen Nachbar einen Volltrottel. Er findet seinen Nachbarn geizig, engstirnig und asozial. Er hat das seinem Nachbarn noch nie erzählt; er hat nicht einmal mit überhaupt jemand hierüber geredet. Er grüßt den Nachbarn auf eine vernünftige, ziemlich normale Art, während er versucht diese Emotionen und Vorurteile nicht zu zeigen. Trotzdem kommen diese Gedanken bei dem Nachbarn an und das fängt an sich in der Verhaltensweise des Nachbarn zu ihm zu zeigen: Mehr und mehr benimmt der Nachbar sich so wie der junge Mann über ihn denkt.

Meisterin im Minirock

Diese Art des Denkens gleicht an Hexerei: Wir verursachen, dass unser negatives Denken Wirklichkeit wird, sich manifestiert.

Das Gleiche gilt für positives Denken: Habe eine sagenhafte Idee davon, wie man die Welt in einen besseren Ort umwandeln kann und halte diesen Gedanken: Irgendwie wird er sich manifestieren.

Durch diese Beispiele kannst du sehen, dass wirklich jede Handlung Kommunikation ist und was, sogar im Denken, es bewirken kann;. Was für ein ungeheures Potential, ja Macht, das hat. Sobald genug Menschen einen positiven Gedanken halten, kann er sich manifestieren.

Daher macht es immer einen Unterschied, was du tust und/oder denkst, da es seine Manifestation in der Welt hat.
DU machst einen Unterschied.
Ist das kein guter Grund zur Freude?

Lass mich dir ein Beispiel geben: Wir nehmen jemand, der in Therapie ist. Der Therapeut/die Therapeutin möchte dieser Person wirklich helfen, ist aber ein bisschen überwältigt. Dadurch, dass er/sie mit einer/einem anderen TherapeutIn redet, vielleicht mit einer(m) mit mehr Erfahrung, oder mit der/dem eigenen AusbilderIn von der/dem sie/er gelernt hat, findet plötzlich eine Transformation in der Person statt. Sogar ohne weitere Behandlung!

Das passiert auch in familiären Situationen. Mütter, die sich in einer bestimmten Situation mit ihrem Kind unzulänglich fühlen, kommen zusammen, und durch auf konstruktive Art über die Situation zu reden, treffen sie ihr Kind, wenn sie wieder nach Hause kommen, anders an, verändert.

Meisterin im Minirock

Sei dir bewusst: Über jemand reden ist an und für sich nicht schlecht. Das hängt davon ab, welches Ziel du damit erreichen möchtest. Wenn du objektiv, frei von Emotionen, redest, kann es dazu beitragen, dass ein Problem sich eben, anscheinend, von alleine löst. Nutze das aus, denn es hat sich in manchen Situationen als sehr erfolgreich bewiesen!!

Meisterin im Minirock

Kapitel 10. Hellsichtigkeit

In diesem Kapitel werde ich über die verschiedene Aspekte von Hellsichtigkeit und warum wir sie brauchen, reden und ich werde auch über Bestimmung sprechen.

Erst werde ich sprechen über: Was ist Hellsichtigkeit?

Die meisten Menschen kennen diesen Begriff nur als die alte Form der Hellsichtigkeit: Der kristallen Kugel, Karten legen, aus einem Foto Information finden, Zukunft vorhersagen und das Interpretieren von Auras; diese Form der Hellsichtigkeit ist immer noch nicht die bewusste Form sondern eine Erweiterung der Intuition (die dann interpretiert wird); aber, das ist es nicht, worüber ich reden werde.

Ich werde über **bewusste Hellsichtigkeit** sprechen und das ist etwas, das jeder Mensch lernen kann. Der Grund dafür ist, dass jeder Mensch hellsichtig geboren wird!!
Leider verlieren die meisten Menschen diese Fähigkeit schon in den ersten drei Jahren ihres noch so jungen Lebens, und fast sicher gegen die Zeit, in der sie 7 geworden sind. Dieses ist allerdings kein Grund zum Bedauern, denn wir können es einfach wieder lernen.

Lass mich dir erst verschiedene Arten der Hellsichtigkeit vorstellen:

Die Akasha Chronik

Einer Art der Hellsichtigkeit ist, sich die verschiedenen Zeiten eines Menschenlebens anzuschauen, die Vergangenheit, Gegenwart und Zukunft; das ist dann nicht begrenzt auf nur *dieses* Leben.

Meisterin im Minirock

Das nennen wir das Lesen der Akasha Chronik.

Und hier ist es, wo ich automatisch über Bestimmung reden werde, da das ein Teil ist von dem, was in der Akasha Chronik ‚geschrieben' steht. In der Akasha Chronik wirst du jede Möglichkeit finden, die dein Leben für dich bereit hält; es sind die Möglichkeiten, die du für dein Leben, mit jeder Auswahl, jeder Wahl die du hast, jeder Entscheidung die du treffen oder nicht treffen könntest und deren Konsequenzen, die zu deiner freien Verfügung da sind.

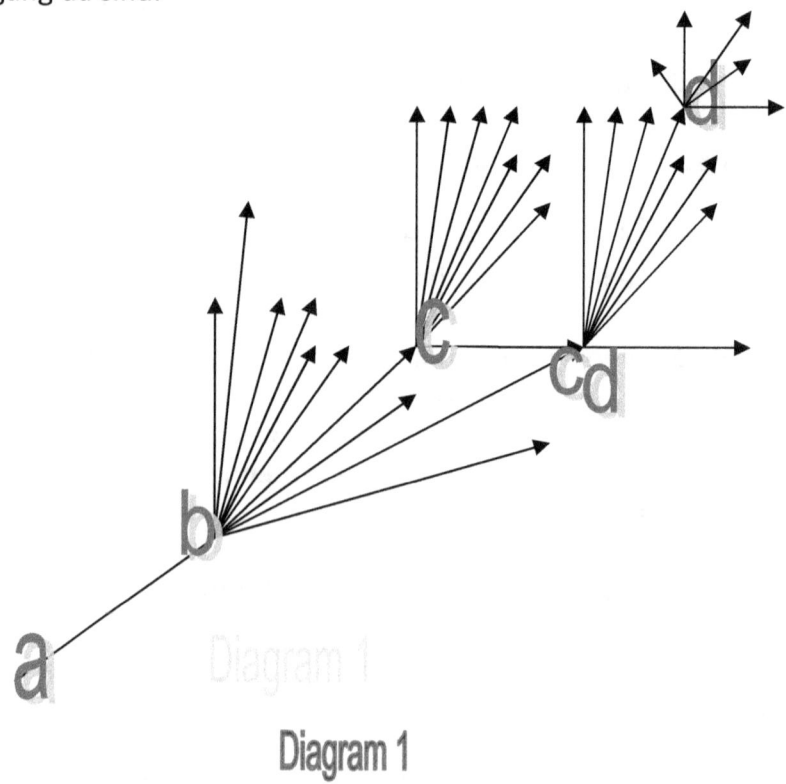

Diagram 1

Meisterin im Minirock

Wenn du dir jetzt Diagramm 1 anschaust: Lass uns festlegen, dass der Punkt, wo wir JETZT in unserem Leben stehen, Punkt **a** ist; dann gehen wir vorwärts und kommen an bei Punkt **b**: ein Punkt wo wir uns konfrontiert sehen mit sehr vielen unterschiedlichen Möglichkeiten; jede Möglichkeit führt zu einem Punkt **c**, und von da aus zu einem Punkt **d**, und doch können sogar **c** und **d** das Gleiche sein; abhängig davon, welchen Entscheidungen wir getroffen haben, wird es sich zeigen wie wir dort angekommen sind.

Das heißt, wir können den kurzen Weg gehen, den ganzen Weg gerade aus, oder den langen Weg, mit viele Kurven und Biegungen... wir habe die Wahl. Das Diagramm ist ziemlich endlos und zeigt deswegen eine Unendlichkeit an Möglichkeiten, jede mit ihren eigenen Konsequenzen. Es zeigt den Überfluss deines Lebens, des Lebens das du erschaffen hast. Es zeigt dir all das, was du schon gelebt hast, mit allen Wahlen, die du getroffen hast; es zeigt deine Gegenwart und was du aus deiner Zukunft machen könntest/würdest.

Vielleicht beantwortet das schon eine andere Frage, die du vielleicht über Bestimmung hast: ‚Ist Bestimmung festgelegt oder haben wir eine Wahl?'

Die Antwort ist ja und nein, jein: Wir haben eine Wahl; ein Fächer aus Möglichkeiten zwischen denen wir wählen können, aber die Konsequenzen von jeder dieser Möglichkeiten sind schon bekannt; und das zählt für alle Wahlen, die wir treffen. Allerdings können wir immer wieder eine andere Wahl treffen und immer unsere Richtung ändern, und damit auch deren Konsequenzen.

Meisterin im Minirock

Wenn wir allerdings auf unsere innere Stimme hören, werden wir schnell rausfinden, dass wir nicht wirklich die Wahl haben, dass wir aber Entscheidungen treffen. Der Weg, den wir nehmen sollen, ist uns klar. Trotzdem haben wir oft Lust einen Seitenweg einzuschlagen, obwohl wir wissen, dass das nicht das Beste ist, aber weil wir einfach Lust darauf haben, tun wir es. Hier sehen wir, dass wir diese Entscheidung getroffen haben. Wenn wir ehrlich zu uns selbst sind, haben wir nicht richtig eine Wahl.

All dieses kannst du in der Akasha Chronik finden, alles was du wählen könntest und alle Entscheidungen, die du treffen kannst. Dieses hast du alles ‚im Anfang' geschrieben, im Anfang des (Mensch) Seins, sowie wir es kennen, es ist eine Bewusstseinsform.

Das zeigt dir nochmals, dass es nicht legitim ist, die Opferrolle anzunehmen; damit meine ich: Das eine fremdbestimmende Energie dich irgendwo hinführt; wir können noch nicht mal sagen, dass wir Gottes Opfer sind.
Wir haben dieses Diagramm selbst gemacht, vom Anfang bis zum Ende. Wir können unsere Wege ändern, aber wir haben alle Möglichkeiten, wie wir unseren Weg durch die Menschheitsevolution ‚gehen' wollten, niedergeschrieben, als Gottes Ko-Schöpfer.

Wir sollen uns bewusst machen, dass die Akasha Chronik nicht nur da ist für Menschen und die menschliche Entwicklung; man kann da alles finden.
Da wir, in dieser Realität, die Einzigen sind, die bewusste Entscheidungen treffen können, sind wir für das GANZE verantwortlich. Das heißt, für den ganzen Planeten und darüber hinaus.

Meisterin im Minirock

Wir können sehen, dass diese Form der Hellsichtigkeit uns hilft, unseren Weg richtig zu gehen und uns dadurch tüchtig zu fühlen, sogar auf einem alltäglichen Niveau.

Farbensehen

Der nächste Aspekt der Hellsichtigkeit worüber ich reden möchte, ist das Sehen (einer Person) in Farben. Es gibt verschiedene Weisen, sich die Farben eines Menschen anzuschauen.

Falls wir uns deine Aura anschauen würden, und in diesem Moment bist du wütend, wird deine Aura sehr viel Rot aufzeigen. Das heißt, dass, falls jemand jetzt ein Foto von dir nehmen würde, zum Beispiel mit Kirlian Fotografie (ein Luziferisch inspiriertes Instrument), womit man die Aura sehen kann, würde in deiner Aura auf diesem Bild sehr viel Rot zu sehen sein.

Das ist nicht *wie* oder *wer* du bist! Das ist die Farbe deines Emotionalkörpers in diesem genauen Moment. Falls du dich in diesem Moment glücklich gefühlt hättest, würde viel Grün zu sehen gewesen sein. In Falle der Langeweile, gedoped oder gerade aufgewacht, würde die Farbe Blau vorherrschen. Es ist sehr wichtig, sich zu realisieren, dass es nur eine Momentaufnahme ist; es zeigt nicht wer du bist.

Es gibt eine Art die Aura viel tiefer anzuschauen; eine Art die zeigt wo und wie du gerade in diesem Lebensabschnitt stehst, inklusive des Moments, den wir uns gerade anschauen. Es zeigt einen bestimmten Entwicklungszustand, die Farben liegen in einer tieferen Lage. Ich möchte, dass Menschen sich realisieren, dass es Lagen gibt, nicht nur Ebenen.

Meisterin im Minirock

Wir können buchstäblich verschiedene Lagen Farben sehen.

Ebenso wie die Aura, die wir in Farben sehen können und die der Raum um uns herum ist, haben wir Chakren, die Energiepunkte oder –Zentren in unserem Körper sind. Die haben auch Farben und wir schauen besonders nach den 7 Hauptchakren, die wichtigsten Energiezentren unseres Energiesystems. Ihre Namen sind: das Wurzelchakra, das Sakrale Chakra, der Solarplexus, das Herzchakra, das Halschakra, das Dritte Auge und das Kronenchakra.

Im Allgemeinen reden wir über ihre Basisfarben, aber keine(r) hat in seinen Chakren einfach die Basisfarben.

Jede(r) hat andere Farben, Abweichungen von den Basisfarben, denn jede(r) *hat* Umstände in seinem Leben…☺(Es gibt keinen Menschen, der keine Umstände hat☺) was eben diese Umstände auch sind. Plus, wir haben eine Vergangenheit, die verursacht, dass wir verschiedene Muster haben die sich auch wieder in Farbe zeigen.

Wir haben hier die Möglichkeit, auf zweierlei Weise zu schauen. Zum Beispiel, wenn eine weibliche Person ihre Periode hat, wird sie viel braun in dem sakralen Chakra haben. Für eine Chakra-Lektüre ist das nicht wirklich interessant, denn sie wird ihre Periode noch lange jeden Monat bekommen; es sagt nichts aus über ihren Charakter, Persönlichkeit, Verhalten oder wo sie steht im Leben. Deswegen schauen wir tiefer, wir gehen weiter in die Person hinein.

Meisterin im Minirock

In diese tiefere Farbschicht schauen wir, um zu sehen, wo die Farben herkommen und warum sie da sind; warum das Ungleichgewicht, das wir bemerkt haben, da ist. Manchmal kommt es zum Beispiel aus der Kindheit und das können wir sehen. Um dieses Ungleichgewicht zu heilen... können wir es durch Farbe verändern. Diese ist die tiefste Therapieform, denn Farbe ist Licht, und wir, in unserer Essenz, sind Licht. Diese tiefste Therapieform wobei mit Farbe gearbeitet wird und die für Heilungszwecke eingesetzt wird, nennen wir Chromo-therapie.

Materie, wie der Körper, ist eine verdichtete Manifestation des Lichtes. Wenn wir also mit Farbe arbeiten, die ja Licht ist, können wir eine tiefe Form der Veränderung, der Transformation, veranlassen.

Nachdem du diese Sätze gelesen hast, hoffe ich, dass du verstehst, falls du an Farbenheilung interessiert bist, du vorsichtig sollst sein „einfach nur" Farbe zu benutzen, denn wenn du die verkehrte Farbe benutzt, kannst du jemand sehr krank machen, da du vielleicht eine essenzielle Farb-konstellation verletzt.

Bloß Information aus einem Buch zu holen und das verwenden ist sehr gefährlich! Jedoch, wenn du die *richtige* Farbe anwendest, wird es eine positive Veränderung in der Person geben, die ich als sehr wertvoll empfinde. Auf diese Art mit Farbe zu arbeiten ist eine sehr tiefe Art von Arbeiten. Wenn man Chromotherapie machen möchte, was heißt heilende Arbeit mit Farben zu betreiben, muss man erst hellsichtig sein.

In einem Körper hinein sehen

Die dritte Art Hellsichtig zu sein bedeutet, dass man die Struktur einer Person in dem physischen Körper und die Wirkung ihres Körpers sehen kann.

Meisterin im Minirock

Es ist fast, als ob wir so schauen können würden wie mit Röntgenstrahlen, aber viel mehr und viel klarer. Wir können die Knochen sehen (mit allen Gelenken und Wirbeln), die Muskeln, die Nerven und die Organe als physische Materie *und* wie sie wirken und in welchem Zustand sie sich befinden.

Überdies, wenn es eine Unausgewogenheit gibt, können wir sehen, woher die kam und was daran zu tun ist.

Wie du siehst: Wir kommen dichter an den Grund heran, warum es so wichtig ist hellsichtig zu sein.

Wenn wir uns Heilkunde anschauen: Allopathische Medizin, Homöopathie, Anthroposophische Medizin, Reiki und alle holistischen Zweige der Medizin, haben sie alle etwas Gemeinsames: Alle, manche besser, manche schlechter, werden verwendet unter dem Interpretieren der Körpersymptome; meistens wissen die Ärzte/Therapeuten nicht wirklich, was das Leiden des Menschen ist. Wenn man wirklich sicher sein möchte, muss man die Ursache finden und dafür muss man objektiv sein und sehen können.
Nicht jede(r) arbeitet im medizinischen Bereich, noch sind wir alle Patienten; glücklicherweise gibt es viele Menschen die keinen Arzt benötigen. Hiermit möchte ich sagen: Es gibt mehr Gründe hellsichtig zu werden als einzig und allein wegen den medizinischen Aspekten des Lebens.

Praktische Anwendung im Alltag

Wenn wir uns jetzt in den Alltag versetzen, und davon ausgehen, dass du hellsichtig bist, wirst du, wenn du jemand begegnest, ganz anders reagieren, als jemand der nicht hellsichtig ist. Zum Beispiel:

Meisterin im Minirock

Du wirst das glückliche Gesicht, dass die Person zeigt, sehen, aber du wirst auch dahinter schauen können und sehen wie diese Person ist und entsprechend mit dieser Person umgehen.

Es gibt so viele Menschen, die mit einem Lächeln auf dem Gesicht rumlaufen, aber von all den Menschen, die ich in meiner Praxis gesehen habe, haben die, die mit einem wunderschönen Lächeln kamen, gezeigt, dass sie sehr ernsthaft versuchen, das Beste aus ihrem Leben zu machen und ihre Umgebung nicht mit ihrer Qual belästigen wollen.

Ich fand so viel Leiden hinter ihrem Lächeln, so viel Traurigkeit, so viel Kummer, so viele Unglücksfälle, so viele Katastrophen in ihrem Alltag.

Und *ich* kann dann sagen: Wow! Was für eine mutige Person; schau, wie tapfer sie ist in dem Versuch, einen besseren Lebenszustand zu erreichen. Aber eine andere Person, nicht hellsichtig, sieht das nicht und wird diesen Mensch auch nicht mit dem gleichen Respekt behandeln. Vielleicht sind sie selbstsüchtig und wollen nur das glückliche Gesicht sehen, weil sie auf diese Weise sich nicht auseinandersetzen brauchen mit den Problemen dieses Menschen.
Denn wenn wir nicht *sehen*, werden wir die Umarmung, die diese Person in dem Moment braucht, wahrscheinlich nicht geben. Wir werden nicht sehen, dass die Person (ein) Bedürfnis(se) hat; vielleicht ist es jemand, den wir wirklich gerne haben und gerne etwas geben würden, aber wir können nicht, weil wir nicht wissen/sehen. Wenn wir sehen können, werden wir dieser Person geben wollen, was sie wirklich braucht.

Meisterin im Minirock

Natürlich wirkt das auch andersrum: Wenn du jemand begegnest, der hellsichtig ist, wirst du mehr von dem, was du brauchst bekommen, als von einer Person die nicht hellsichtig ist... manchmal auch wie du es nicht so toll findest ☺. Hier meine ich, dass diese Person dir etwas sagt über deine Haltung oder Einstellung, das du lieber nicht hören möchtest, da sie dann über deine Persönlichkeit und nicht dein wahres Wesen reden wird, und das kann ganz unbequem sein.

Hier kommt noch ein anderer Aspekt: Das Leben ist nicht nur voller Freunde. Wir alle arbeiten in diesem Leben, oder mindestens müssen wir mit Menschen im Arbeitsmilieu umgehen und jeder manifestiert in irgendwelcher Form seine Muster, zu unter-schiedlichen Zeiten und in unterschiedlichen Situationen. Hiermit will ich sagen, dass Menschen einander von ihren verschiedenen Seiten zeigen, während sie ein Teil von ihrem Charakter oder Persönlichkeit manifestieren, das nicht notwendigerweise für andere angenehm ist.
Und da wir eine Gesellschaft erschaffen haben, in der wir uns aber nicht sehr wohl fühlen, begegnen wir Menschen mit denen wir uns nicht sehr wohl fühlen.
Es gibt eine Menge Misstrauen, viel Neid und Gier, um nur ein paar Eigenschaften zu erwähnen, und es wäre für uns sehr nützlich zu wissen, ob die Menschen, denen wir begegnen, die richtigen Menschen für uns sind, oder ob das Menschen sind, denen wir nicht vertrauen können.
Wir haben unsere Intuition; wir *werden* dieses kleine Gefühl haben, aber wir können es nicht richtig sehen, und die Gefahr, dass unser Kopf interpretiert und fehlurteilt, ist groß. Wie oft haben wir erst ein Gefühl (Intuition) und lassen das, was wir gefühlt haben dann fallen, weil das was wir sehen anders ist als unser erstes Gefühl *erscheint*...

Meisterin im Minirock

In der Tat ist Hellsichtigkeit nicht intuitiv, sondern Wissen. Das heißt, dass wir wissen werden, dass das was wir sehen nicht reell ist, unser erstes Gefühl jedoch schon.

Das heißt nicht, dass wir keine Probleme haben werden, wenn jemand uns betrügen wird; manchmal ist das unvermeidlich, aber wir werden es vorher wissen und dann gehen wir anders damit um.

Manchmal passiert es, dass du jemand vertrauen möchtest, dem du besser nicht vertrauen würdest. Wenn wir wahrhaft auf einem spirituellen Weg sind, wollen wir vertrauen und das Beste in den Menschen sehen. Vertrauen schenken lädt andere ein, uns zu vertrauen. Unser Misstrauen leben bedeutet Misstrauen zu empfangen.

Wenn wir nur intuitiv sind, werden wir uns oft über das Erste, was wir sehen, hinwegsetzen (diesen Grund nicht zu vertrauen). Wenn wir aber hellsichtig sind, sehen wir und erinnern uns (ich meine nicht nachtragend zu werden!!), da wir es dann so viel klarer sehen, als diese vage Vorahnung oder Intuition.

Fühlst du schon, dass Hellsichtigkeit nicht nur etwas ist für Mystiker, sondern eine sehr praktische Eigenschaft für deinen ganz gewöhnlichen Alltag?

Der letzte Teil der Hellsichtigkeit, den ich erwähnen werde, geht über wo und wie alles anfing; was ist Gott, was bin Ich, wie ist all diese Schöpfung entstanden?...
Hierüber werde ich in einem späteren Kapitel reden, denn das verdient ein eigenes Kapitel.

Meisterin im Minirock

Meisterin im Minirock

Kapitel 11: Hellsichtigkeit und Kinder

Hellsichtigkeit verlieren

Lass uns jetzt zurück gehen, zu der Zeit, als wir sehr jung waren.

Nachdem das Kind geboren ist, sagen wir wenn es so 18 Monate alt ist, wird es laufen lernen und, als Konsequenz dieses Lernprozess, oft fallen. Das ist ein normaler Prozess; es lernt laufen.

Eines Tages kommt es heulend nach Hause und schluchzt zu seiner Mutter 'Ich bin gefallen und mein Knie tut wirklich sehr weh!' und Mami sagt: ‚Komm Liebling, ich werde dir ein Bonbon geben und dann einen dicken Kuss auf dein Knie und dann ist alles vorbei; das Knie tut nicht mehr weh'.
Jetzt gehen wir zurück zu den Gefühlen dieses Kindes... für ihn ist seine Mami wie Gott; sie weiß alles, sie ist seine ganze Welt.
Normalerweise ist sie die wichtigste Person im Leben eines jungen Kindes (zusammen mit dem Vater und oft den Großeltern). Das Knie tut immer noch höllisch weh, aber Mami sagt –es tut nicht mehr weh- obwohl es diesen höllischen Scherz am Knie empfindet... so denkt das Kind... ‚Ok, Mami sagt, dass es alles vorbei ist und Mami weiß alles, also... habe ich Unrecht.

Das Kind lernt seiner eigenen Wahrnehmung nicht zu vertrauen. Das ist der Moment, in dem das Kind anfängt seine Hellsichtigkeit zu verlieren; dies ist der erste Moment des großen Verlustes.

Das Kind wächst und geht raus, um im Garten zu spielen –es ist immer noch hellsichtig-. Es schaut nicht nur auf die Pflanzen und Tiere, sondern auch auf einige Wesen, Wesen in den Pflanzen, den Bäumen, im Wasser.

Meisterin im Minirock

Wenn es Kontakt mit einem dieser Wesen hat und es sich anfühlt wie ein Freund, wird das Kind diesem kleinen Wesen einen Namen geben und diese Elementarwesen (das ist, was sie sind) lieben es in kindlicher Gesellschaft zu verkehren.

Dieses spezielle Wesen wird durch das Kind Leo genannt. Das Kind kommt zurück ins Haus und sagt zu seiner Mutter: ‚Ich gehe mit Leo im Garten spielen. Leo ist der Kleine, der auf dem Baum wohnt' und Mami sagt: 'Auf dem Baum wohnt keiner!' ‚Oh doch, Leo! Ich spiele jeden Tag mit ihm!'

Natürlich will die Mutter ihr Kind nicht aufregen und denkt, dass sie dieses Spiel mitspielen soll, also tut sie so, als ob sie verstehen würde, sagt ihrem Kind, dass das in Ordnung geht und dann sagt sie: ‚Ich habe auch eine kleine Freundin, die heißt Agathe und ist gerade hier bei mir, um die Couch zu reinigen'... Das Kind antwortet: 'Mami, das stimmt nicht, da ist niemand!' und schaut mit diesem Stirnrunzeln im Gesicht von Nicht-verstehen.
Mami beharrt aber. Für sie ist es ein Spiel; sie realisiert sich nicht was sie da tut. Sie denkt, dass sie es richtig macht, weil sie auf die Ebene geht, wovon sie denkt, dass das die Ebene ihres Kindes ist, aber für ihr Kind ist das gar nicht so; für das Kind ist ihr Benehmen idiotisch: Es *sieht* wirklich!
Dieses mütterliche Benehmen ist nicht sehr hilfreich! Wenn wir in solche Situationen geraten ist es besser, einfach zuzugeben, dass wir nichts sehen und dem Kind über seinen Freund *fragen*; vielleicht sogar fragen, ob wir auch so einen Freund oder Freundin haben, obwohl wir sie oder ihn nicht sehen noch hören können. Aber das Ergebnis von dem oben genannten Beispiel ist, dass das Kind anfängt seiner eigenen Wahrnehmung zu misstrauen, es wird das Vertrauen in seine Mutter verlieren und es wird seine Hellsichtigkeit verlieren.

Meisterin im Minirock

Lassen wir uns dieses vom Anfang an Anschauen. Die erste Stufe von Inkarnation ist Empfängnis. Dann kommt die zweite Stufe: Ein Kind wird geboren. Wenn ein Kind geboren wird, ist es hellsichtig, immer.

In dem Alter von 2 ½ oder 3 erfolgt die dritte Stufe, die leicht erkennbar ist, da das Kind anfängt ‚ich' zu sagen statt sich selbst bei seinem Namen zu nennen.

Mit sieben, wenn das Kind die Milchzähne wechselt für permanente Zähne, erfolgt die vierte Stufe. Dieses ist auch der Moment, dass ein Kind anfängt seine mentale Kapazität zu entwickeln: Das Kind kann denken. Vorher gab es nicht wirklich einen Denkprozess. Das Kind war ein emotionales Wesen, ohne mentale Bewegung.

Falls du das nicht glaubst, versuch mal einem Kind das jünger ist als sieben etwas aufzutragen, das du willst, dass es tun soll oder nicht tun soll: Du wirst es immer wieder wiederholen müssen. Wenn du verstehst wie ein Kind von drinnen ‚wirkt', wirst du es dem Kind auftragen mit Hilfe einer körperlichen Bewegung, damit sein Körper sich das merkt, denn wenn nicht, wirst du Pech haben, da das Kind es nicht begreifen wird.

Das ist die Tragik in vielen Familien, dass die Eltern die Prozesse ihrer Kinder einfach nicht verstehen und denken, dass sie nur ungehorsam sind. Kinder unter 7 denken nicht noch folgern sie, obwohl es manchmal scheint, als ob sie es könnten oder täten; sie können kein Denkmuster entwickeln bis sie um die sieben herum sind, das Alter, in dem sie ihre Milchzähne verlieren. Davor sind sie organisch und emotional.

Meisterin im Minirock

Denken

Lass uns jetzt mal einen Blick in unsere erwachsene Welt werfen. Die, die einen spirituellen Weg zu gehen versuchen, bemerken, dass eine der schwierigsten Aufgaben ist, die Gedanken zu stoppen. Was wir auch probieren, Meditation, Lesen, Lernen, mit jemand reden; viel zu oft sind unsere Gedanken im Weg, und was uns am meisten aus der Fassung bringt ist, dass diese Gedanken sich wiederholen.

Es ist schwierig aufzuhören zu Denken. Jemand will dir einen guten Rat geben und sagt dir: ‚Denk nicht so viel!' Aber wie kannst du das tun?

Beobachte den Alltag aus einem Abstand: Die meisten Menschen schauen ziemlich viel Fernsehen, verbringen viel Zeit hinter dem Computer, Kinder sitzen hinter dem Computer oder Gameboy. Das bedeutet: Ein ständiger Input von Bildern und Impulsen; sogar nur in die Stadt gehen ist eine ständige Lawine von Eindrücken und das ist eine Menge Input für den Verstand. Deswegen bleiben viele von unseren Fähigkeiten im Hintergrund, da wir eine Menge Energie an mentalen Input verschwenden.

Lass uns jetzt zum Kind zurück gehen.

In unserem Bildungssystem wird das Kind oft mit 3 Jahren schon gezwungen Lesen und Schreiben zu lernen.
Von dem, was ich vorher geschrieben habe, weißt du, dass das für die meisten Kinder unmöglich ist, weil das Kind mental dafür noch nicht reif ist. Das bedeutet, dass das Kind unter dem Druck des Systems ein Weg finden muss, um hierfür Energie zu haben. Es braucht Energie zum Wachsen, aber jetzt braucht es eine Menge

Meisterin im Minirock

Energie für etwas, wozu es noch nicht reif genug ist, also muss es etwas gehen lassen, das dem Lernen im Wege stehen könnte: Die Fähigkeit des *Sehens*, wirklich Sehen!

Denn bald bemerkt es, dass dieses eine ungewünschte Qualität ist: Die Erwachsenen beschuldigen das Kind des Lügens, des Betrügens oder Fantasierens. Das ist sehr traurig: Das Kind verliert die wichtigste Fähigkeit, neben Liebe, die es besitzt. (auch die körperliche Gesundheit kann sich, obwohl vielleicht unbemerkt, verschlechtern)

Gegen die Zeit, dass das Kind sieben ist, hat es gelernt alles was dem mentalen Prozess im Wege steht, auszublenden. Folglich fängt es an zu denken; es findet logische Muster ohne irgendwelche Freude, denn das Wirkliche ist nicht nur noch mal mehr im Hintergrund, es ist vollständig verschwunden. Das Kind ist ein ‚würdiges' Mitglied unserer Gesellschaft geworden. Wie schrecklich.

Es gibt aber jetzt keinen Grund völlig zu verzweifeln.

Das Gute ist: Du kannst es wieder lernen!!! Jeder kann es wieder lernen.

In der Ausbildung, die ich gebe, biete ich viele Wege an, um die Hellsichtigkeit, die du verloren hast, wieder zu erlangen und sie sogar eine Menge weiter zu entwickeln. Wenn du versuchst, ein Instrument zu spielen, wirst du entdecken, dass du üben musst so viel du nur kannst um darin gut zu sein. Beim hellsichtig werden ist das das Gleiche: Je mehr du übst, desto besser wirst du darin. Wenn du aufhörst auf deinem Instrument zu üben, wirst du kein guter Musiker mehr sein. Das Gleiche gilt für Hellsichtigkeit; wenn du am Üben bleibst, wirst du sehen können; üben sorgt dafür, dass du es nicht verlieren wirst.

Meisterin im Minirock

Die Übungen, die ich anbiete, sind nicht schwierig, und du brauchst für sie auch keine extra Zeit. Das Wichtige ist, dass du den ganzen Tag über übst, deswegen habe ich Disziplinen entwickelt, die du in deinen Alltag integrieren kannst.
Wenn du das tust und allmählich verschiedene Disziplinen übst, wirst du erst noch intuitiver werden und dann allmählich Hellsichtigkeit erreichen.

Falls du an dieser Ausbildung interessiert wärest, kannst du dich mit mir in Verbindung setzen oder einfach auf meiner Webseite schauen in dem was ich über „DER KURS" geschrieben habe.

Gerne würde ich mit dir einige Fragen teilen, die Menschen mir in einem Vortrag über Hellsichtigkeit gestellt haben: Eine dieser Fragen ging über Kinder.

Eine Frau fragte _wie sie sicher sein könnte, dass ein Kind seine hellsichtigen Fähigkeiten nicht verlieren würde._

Das erste, was wir uns realisieren müssen, ist, dass wir immer ehrlich sein müssen, vollkommen ehrlich dem Kind gegenüber; immer! Wenn du dich nicht wohl fühlst und du möchtest nicht, dass dein Kind sich Sorgen macht, sag dann: ‚Ich fühle mich nicht wohl, aber du brauchst dir keine Sorgen zu machen'. Sag nie: ‚Mir geht es gut' wenn das nicht so ist. Das Kind sieht, dass es dir nicht gut geht, aber wenn du sagst, dass du ok bist, wird das Kind entweder seiner eigenen Wahrnehmung nicht vertrauen oder dir nicht. Es ist äußerst wichtig ehrlich zu sein.

Wenn du ehrlich bist, wird dein Kind lernen, dass es dir vertrauen kann. Es spürt: Mami erzählt mir die Wahrheit und das ist das Gleiche, was ich sehe. Dann fühlt es sich sicher und verstanden.

Meisterin im Minirock

Wenn du bemerkst, dass dein Kind nachdenklich schaut, frage: ‚Hast du verstanden, was ich dir gerade erzählt habe? Siehst du das Gleiche, was ich sehe? Denkst du, dass irgendetwas anders ist, als wie ich es gesagt habe?' Es ist wichtig immer wieder nachzuprüfen, denn es passiert schon mal, dass das Kind etwas anders sieht als du, also ist es wichtig nachzufragen.

Auch wenn man einen Partner/eine Partnerin hat und der körperlichen Liebe nachgeht, entstehen solche Situationen. Fast immer kommt der Moment, dass dein Kind sich bewusst ist dass ihr euch liebt und Dinge sieht, die es nicht versteht. Wenn du hierüber offen redest, klarmachst, dass dieses etwas ist, das Erwachsene tun als Ausdruck ihrer Liebe, aber dass das für Kinder schädlich ist, versteht es dein Kind, denn es sieht das Vergnügen und die Gefahr; es kann mit diesem Paradox umgehen, wenn Du darüber sprichst.

Für ein Kind ist es auch lebenswichtig dass, falls du böse bist auf die Person die du liebst, du genau das dem Kind erzählst: Dass du zwar böse bist auf diese Person, aber deine Liebe für sie nicht verloren ist, damit das Kind weiß, ok, das ist etwas das passieren kann; noch ein Paradox. Als Nebenwirkung: Für dich ist es eine gut Übung, dir tatsächlich zu realisieren, *dass* du die Person liebst auf die du böse bist, da, wenn du dieses in deinem Bewusstsein hast, das Ergebnis anders sein wird.

Für ein Kind ist es wichtig zu sehen, dass es viele ambivalente Situationen gibt und dass es in Ordnung ist ambivalenten Gefühlen oder Emotionen zu haben.

Ich bin oft gefragt worden *was für eine Art Unterricht/Bildung ein Kind braucht.*

Meisterin im Minirock

Persönlich empfehle ich die Waldorfschulen. Lehrer an diesen Schulen sind in dem Verständnis für die Entwicklungsphasen der Kinder ausgebildet. Sie fangen keine mentale Bildung an bevor die Kinder 7 Jahre alt sind und sie legen viel Wert auf Dinge, die Hellsichtigkeit bewirken oder aufrecht erhalten können. Sie arbeiten mit den Elementarwesen, obwohl viele sie nicht sehen können, mit Farben, Lernen und auswendig lernen unterrichten sie durch körperliche Bewegung anstatt dass die Kinder still sitzen müssen, so auch Musik und eine Menge Kunst.
Es ist eine Welt, wo Natur und Kunst sehr ineinandergreifend mit einander verbunden sind und gelebt werden. Das heißt nicht, dass die Lehrer perfekt sind, aber das System ist das naheliegendste an dem, was ich kenne was kindgerecht ist.

Natürlich bin ich oft gefragt worden ob ich _nicht schnell was Einfaches erwähnen könnte, wo sie sofort mit anfangen können, um hellsichtig zu werden._

Meine Antwort ist immer: Sei ganz ehrlich, besonders mit dir selbst. Sieh dich selbst mit objektiven, realistischen Augen. Wenn du das tust, bist du auf dem Weg.

Eine andere Frage: _Ist es schwieriger wenn man älter ist?_

Nein, auf keinem Fall. Ich habe Menschen in „Der Kurs" zwischen 20 und 82 Jahren. Und der Mann von 82 ist jetzt definitiv hellsichtig.
Ein andere Ratschlag, den ich dir geben kann ist: Falls du rauchst, solltest du damit aufhören, denn die Wahrheit des Rauchens ist, dass du dich in eine Wolke hüllst; die Wolke des sichtbaren Rauchs und auch eine unsichtbare Wolke, die sich über dein Verstand legt.

Meisterin im Minirock

Du versteckst dich hinter dem Rauch, kannst aber dadurch selber auch nicht klar sehen. Dieses zählt genauso für normale Zigaretten wie für Haschisch, Marihuana usw. Wenn man raucht, tendiert man dazu nur eng um sich herum wahrzunehmen und verliert dadurch den Überblick darüber, was das eigene Verhalten in anderen verursacht. Es ist fast unmöglich, die Konsequenzen des eigenen Verhaltens zu sehen, wenn man in einen Nebel eingehüllt ist. Wenn wir das ‚normale' schon nicht gut sehen können, die offensichtliche Verhaltenskonsequenzen, wie soll man dann die tieferen Schichten sehen können?

(Die nächste Frage kam von einer Mutter, die einen Sohn hat der hellsichtig ist, es aber als Waffe gegen sie benutzt, weil er weiß, dass sie nicht sehen kann.)

Was kann ich tun, wenn ich einen Jugendlichen habe, der sagt, dass er hellsichtig ist und deswegen immer recht hat?

Wenn keiner der beiden Eltern hellsichtig ist, ist das sehr schwierig. Denn sobald du ihm misstraust, wenn er wahrhaftig ist, tust du ihm weh, schadest ihm. Jedoch, wenn du ihm vertraust, wenn er dich manipuliert, schadest du ihm auch. Wenn du fühlst, dass das, was er sagt wahrhaftig ist, vertraue einfach, aber, wenn du das Gefühl hast, dass er dich manipuliert, sag dann: ‚Ich glaube, dass du mich manipulierst und das will ich nicht.'

Versuch deine Intuition so viel du nur kannst zu vergrößern, damit du selbst hellsichtig wirst. Kinder sind schlau und werden in ein Alter kommen, in dem sie Konfrontation suchen; das ist ein Üben in dieser Welt zu leben, was keine einfache Periode für Eltern ist und viele Eltern von Jungendlichen werden zu freizügig in diesem Alter, da sie Angst haben die Liebe dieser Kinder zu verlieren.

Meisterin im Minirock

Das wissen diese Kinder sehr wohl und nützen es aus. Du wirst hier klare Grenzen setzen müssen: ‚Bis hier und nicht weiter'. Sei standhaft, sogar sehr streng. Es ist gut für das Kind und für deine Beziehung zu dem Kind. Was du lernen musst, ist, dein Kind *mehr* zu lieben als deine Angst es zu verlieren.

Strenge, einem Kind Grenzen zeigen, schafft in Wahrheit Sicherheit. Ein Kind muss von diesen Grenzen lernen; dass jeder seinen eigenen ‚Raum' hat und das Recht in diesem Raum zu leben. Sei dir bewusst, dass auf diese Art du deinem Kind hilfst, ein guter Mensch zu werden. Wenn du dein Kind dich überherrschen lässt, wird es eine sehr unangenehme Person werden. Unangenehme Menschen begegnen unangenehmen Situationen und werden deswegen nicht glücklich werden.
Ich bin mir sicher, dass du erleben möchtest, dass deine Kinder glücklich sind in ihrem Leben.

Frage ob Lesen mit 4 Jahren erlaubt sein soll.

Manche Kinder haben eine große Gabe das geschriebene Wort schon in einem sehr jungen Alter zu begreifen. Natürlich werden wir hierfür das Kind nicht rügen. Wenn ein Kind mit 4 Spaß am Lesen hat, lassen wir es lesen. Wir werden es allerdings nicht unterstützen darin noch besser zu werden oder mehr zu lesen. Wenn wir etwas mit dem Kind unternehmen, gibt es andere Sachen außer lesen. Ohne Druck werden wir versuchen das Kind zu beschäftigen mit Handarbeiten oder Musik.
In meinem Fall: Ich habe mit 3 Jahre lesen gelernt. Da mir aus einem bestimmten Buch so oft vorgelesen worden war, dass ich es schon auswendig kannte, fing ich an die unterschiedlichen Laute mit Wörtern und später mit getrennten Gruppen von Buchstaben zu verbinden, jedes Mal wenn ich das Buch in die Hand nahm.

Meisterin im Minirock

So lernte ich von den Buchstabengruppen, den Räumen dazwischen und der Wiederholung von Buchstabengruppen die mit den Lauten im gleichen Rhythmus übereinstimmten, die Worte zu unterscheiden. In meinem Fall war das erst gar nicht aufgefallen, so wurde es weder unterdrückt noch unterstützt. Deswegen verbrachte ich auch viel Zeit mit anderen Sachen. Die Folge ist, dass ich Lesen immer noch liebe. Ich liebe allerdings auch Handarbeit wenn sie kreativ ist.

Frage: Was passiert, wenn man hellsichtig wird?

In der Art wie ich unterrichte wirst du alle Formen der Hellsichtigkeit zu gleicher Zeit lernen, aber du kannst dann wählen was du brauchst. Das heißt nicht, dass du die ganze Zeit dein Bewusstsein verlagerst, die Verlagerung passiert automatisch. Erinnere dich daran, wenn du eine Landschaft über einen See anschaust, wo es an der anderen Seite Dörfer und Berge gibt. Falls du ein bestimmtes Schloss sehen willst, verlagerst du Automatisch deinen Blick, damit du das Schloss fokussierter siehst; währenddessen tritt der Rest der Aussicht in den Hintergrund.

Am Anfang wird die Intuition beginnen zuzunehmen. Du wirst eher etwas spüren, als wirklich etwas zu sehen, so fängt es an. Was du bemerken wirst, ist erhöhte Sensibilität, zum Beispiel, ob du dich irgendwo wohl fühlst oder nicht, auch im feineren Sinne z.B. an welchem Tischplatz. Du wirst ganz klar wissen, ob du mit einer bestimmten Person zusammen sein willst oder nicht, welche Straße zu nehmen, wo einzukaufen, was zu sagen ist in einem bestimmten Moment usw. Es kann sogar passieren, dass, indem du deinen Plan änderst und eine andere Straße nimmst als üblich, du nachher hörst, dass auf der üblichen Straße ein Unfall passiert ist.

Meisterin im Minirock

Diese Ergebnisse kannst du checken. Zum Beispiel wirst du so ein Gefühl haben, dass gleich ein rotes Auto um die Ecke kommt mit einer Frau am Lenkrad. Dann schaue: Höchstwahrscheinlich ist das so. Sei dir bewusst: Deine Hellsichtigkeit wird sich erst dadurch bemerkbar machen, dass du Sachen *spürst*, doch der Unterschied zum Nur-Spüren ist, das du weißt dass ‚sie *sind*'; du hast Sicherheit.

<u>Die nächste Frage war: was ist der Unterschied zwischen Instinkt und Intuition und Intuition und Hellsichtigkeit?</u>

Tiere haben einen Instinkt, das ist wie einen sechster Sinn und Tiere brauchen das, da es ihr Überlebenswerkzeug ist. Indem bestimmte Muster in der Natur zerstört sind, wie das magnetische Feld, das Ändern des Lauf eines Flusses oder Bachs, das Bauen von großen Antennen usw. zerstören wir einen Teil des Instinkts. Instinkt ist keine permanente Qualität; er hängt von bestimmten Bedingungen ab und kann zerstört werden.

Intuition ist ein Zustand der nicht zerstört werden kann. Es ist ein Input von einer höheren Bewusstseinsebene. Intuition kann ausgebildet werden und sogar wenn die Bedingungen nicht optimal sind, wird die Intuition bleiben, solange der Mensch ruhig bleibt. Intuition geht über den Überlebenssinn hinaus; es hat dazu eine tiefere, spirituellere und nuanciertere Qualität. Intuition ist ein Gefühl: Was richtig ist, was verkehrt ist. Instinkt ist kein Gefühl; Instinkt ist ein Sinn der sofortige Reaktion verursacht.
Intuition verursacht nicht notwendigerweise eine sichtbare Reaktion, da wir entscheiden, was wir mit dem, was wir intuitiv spüren, machen wollen.

Meisterin im Minirock

Hellsichtigkeit ist noch ein Schritt weiter. Hellsichtigkeit ist Wissen. Hellsichtigkeit ist bewusst gemachte Intuition; es ist die logische Konsequenz von entwickelter Intuition.

Die intuitive Person hat innerlich vielleicht viele negative Stimmen, die immer noch sehr laut sind und die Person negativ beeinflussen und Unbehagen verursachen. Aber jemand der Hellsichtigkeit entwickelt hat, hat eine innere Sicherheit, dass, falls diese Stimmen da sind, er prüfen wird, was sie sind und/oder ob sie real sind.

Ich gebe dir ein Beispiel, das vor vielen Jahren (mehr als 25) passiert ist.
Es gab einen Mann, der in einem Hotel in Ibiza, Spanien, einen Vortrag gab, und der Saal war voll. Der Mann gab vor auf Orion, der Sternenkonstellation, geboren zu sein. Meine Gedanken waren ‚Das ist wirklich Blödsinn' aber ich merkte zu meiner großen Qual, dass die Worte, die er benutzte, super waren.

Zu meinem Leidwesen hing das Publikum an seinen Lippen; seine Rede schien Sinn zu machen und wie er mit der Zuhörerschaft spielte war wirklich faszinierend. Ich fing an mir Sorgen zu machen und dachte: ‚Oh mein Gott! Was wird hier passieren?! Wenn Menschen diesem Mann glauben ist das schrecklich!' (damals machte ich mir über so etwas noch Sorgen).
Irgendwann mitten im Vortrag stand ein Ehepaar, das ungefähr um die 80 Jahre war und hinter mir saß, auf und sagte wie aus einem Mund „alles was Sie sagen hört sich gut an, aber es ist Blödsinn, Müll, und wir gehen jetzt." Das rüttelte das Publikum wach und viele Leute fingen an zu applaudieren. Diese alten Menschen benutzten ihre, was wir nennen, Intuition.

Meisterin im Minirock

Der Rest der Menschen war in ihrem, was ich mentalem Spiel nenne: Das Spiel der Rhetorik und Semantik.

Wenn du eine gute Intuition hast, ist der Schritt zur Hellsichtigkeit nicht groß, aber du musst den Mut und die Willenskraft haben, all deine Glaubenssätze aufzugeben. Du musst anfangen nur Realität zu wollen, auch wenn diese Realität dir nicht angenehm ist.

Wenn du das schaffst, bist du stark auf dem Weg. Das bedeutet auch, dass, wenn du meditierst, du nicht deine Fantasie benutzen sollst: Wenn du beim Meditieren in deinem Wohnzimmer sitzt, bilde dir dann nicht ein auf einer Wiese zu liegen mit duftenden Blumen und einem Bach der da durchläuft. Das wird dich aufhalten hellsichtig zu werden und wird nur deine verzerrte Sicht erhöhen und nicht die reale.

Mach es dir klar, dass der Beginn von hellsichtig werden, für viele Menschen bedeutet, dass sie erst anfangen Sachen zu *fühlen*, sie noch nicht wirklich *sehen*.
Du kannst auch hellhörig werden; ich packe das in die gleiche Kategorie, da es den gleichen Weg der Entwicklung deiner inneren Qualitäten fordert.

Eine letzte Warnung: Es kann sein, dass du nicht einmal bemerkst wie viel mehr Bewusstsein=Hellsichtigkeit du schon erworben hast,
denn dieses ist ein Prozess der stufenweise verläuft und du wirst dich schnell daran gewöhnen, an jeden Schritt, und dann fällt es dir selbst nicht auf, weil du es als selbstverständlich siehst. Das könnte dich hin und wieder entmutigen, weil es sich gar nicht spektakulär anfühlt. Aber die meisten wirklichen Veränderungen geschehen auf diese Weise, nach und nach... dafür dauerhaft.

Meisterin im Minirock

Meisterin im Minirock

Kapitel 11: Meditation

Meditation und Zentrieren

Es gibt ein großes Bedürfnis danach zentriert zu sein. Die meisten Menschen spüren das als ein Bedürfnis zu meditieren, in der Hoffnung, als Resultat inneren Frieden zu erlangen.

Leider lernen die meisten Menschen, die anfangen zu meditieren, irgendeine alte Technik und oft ist es gerade diese selbe Technik, die sie verrückt macht statt sie zu beruhigen. Sie haben gelernt ihre Augen zu schließen und eine weiße Wand zu sehen. Aber alles was sie sehen sind hunderte von Bildern und, durch die Anstrengung des Versuchs diese weiße Wand zu sehen, fangen sie an mehr zu denken als sonst. So viel zum Versuch ruhig zu werden…
Anderen wurde gelehrt Dunkelheit zu sehen und wenn sie das mehr oder weniger erreichen, geraten sie in Panik, weil die Dunkelheit ihnen Angst einjagt.
Es ist schwierig für die meisten Menschen sich auf nichts zu konzentrieren… nicht mal wissend was nichts ist. Wie ist das bei dir? Kannst du deine Gedanken zum Schweigen bringen? Die meisten von euch, wenn ihr ehrlich seid, werden zugeben müssen, das nicht zu beherrschen. Das macht nichts, das ist eben menschlich.

Was ist Meditation?

Jeder Lehrer, der Meditation unterrichtet, wird eine andere Definition für das Wort Meditation geben. Ob eine Definition dieses Wortes wichtig ist oder nicht, ist mir einerlei.

Meisterin im Minirock

Aber ich werde dir erklären, was für mich Meditation ist und warum sie wichtig ist, wie damit umzugehen ist und wo nicht mehr Gewicht darauf zu legen ist, als sie verdient.

Eines der ersten Dinge, die ich Meditation nenne, ist sich bewusst sein...

Was bedeutet das?

Was auch eben du tust, so bald du es bewusst tust mit Bewusstsein und du bist dir dessen bewusst, bist du in einem meditativen Zustand.
Dieses ist sehr wichtig; es bedeutet, dass du Meditation zu einer Lebensart machst, oder, das Leben zu einer Art der Meditation.

Das heißt, dass, wenn ich eine Definition von dem Wort Meditation geben sollte, ich sagen würde: Meditation ist sich *bewusst* bewusst sein von seinem Bewusstsein.

Ich weiß, du wirst diesen Satz einige Male laut lesen müssen bevor er Sinn macht, aber... du wirst sehen, es ist *nicht nur* bewusst sein, da das nicht genug ist.

Hier könnte ich dieses Kapitel beenden, jedoch ist es mir klar, dass dir hiermit alleine nicht geholfen ist. Ich werde dir einige Ratschläge geben, die dir helfen werden zu diesem Zustand des meditativen Lebens zu kommen.

Meisterin im Minirock
Hilfreiche Wege für den Anfang

Wenn du in einer Schlange stehst und wartest, statt dass du wie immer versuchst den Blicken der Menschen auszuweichen und deine Gedanken wandern lässt, versuch einmal die Menschen sehr bewusst zu beobachten, wie sie gekleidet sind, die Farbe ihrer Schuhe, die Armbanduhr, die Clips in ihren Haaren, das grau werden an den Schläfen, der Auswuchs gefärbter Haare, die die wirkliche Farbe an den Wurzeln zeigt, und so weiter, aber ohne dich dazu verführen zu lassen, es irgendwie zu bewerten; denk nicht darüber nach, ob du es magst oder nicht. Beobachte nur und nimm es auf. Auf diese Art hast du mehr Aufnahmefähigkeit, da deine Emotionen nicht im Wege stehen.

Irgendwann später am Tag, zum Beispiel vor dem Schlafengehen, versuchst du dich an dieses Bild vollständig, mit jedem einzigen Detail, zu erinnern, und wenn es etwas gibt, wovon du merkst, dass du dich nicht erinnern kannst, jedoch klar spürst, dass da etwas fehlt in deinem Bild, komplettiere dann dieses Bild mit etwas, wovon du fühlst, dass es in diese Lücke rein passt. Das ist eine sehr gute Disziplin, um dich mehr deiner Umgebung bewusst werden zu lassen und es schärft das Gedächtnis und die Konzentrations-fähigkeit, was sogar eine Hilfe ist, während du dein Auto fährst oder Buch führst☺.

Eine andere Übung: Wenn du irgendwo draußen bist, versuch dann alles zu hören, was es zu hören gibt. Normalerweise haben wir ein selektives Gehör, und wir wählen, unbewusst aus, *nicht* viele Geräusche zu hören. Schließe dir, wenn du irgendwo bist wo das nicht unbequem ist, die Augen, denn das macht es einfacher, aber wenn es nicht geht, tue es dann einfach mit Augen auf und, statt zu versuchen all diese Geräusche in den Hintergrund zu drängen, versuch jedes einzelne zu hören. Schreib sie dir nachher auf und schaue wie viele du bemerkt/erinnert hast. Du kannst hieraus ein Spiel machen, dadurch, dass du es mit anderen machst um euer Ergebnis dann zu vergleichen; vielleicht wirst du, wenn du die Liste der Anderen siehst, bemerken, dass du etwas gehört hast das sie auch hörten, es dir aber nicht bewusst warst. Diese Übung wird deine Sinne schärfen und wird dich trainieren, nicht eine andere Realität haben zu wollen als die, die es gibt...

Wenn du den Abwasch machst, oder dein Auto wäscht, prüfe ständig nach, welche Muskeln du benutzt und welche Muskeln du gar nicht brauchst, und versuch diese zu entspannen.
Wenn du Auto fährst, bleib mit deinen Gedanken dort wo du fährst und denk nicht an das, was du tun willst sobald du dein Ziel erreicht hast.
Das kannst du auf allerlei andere Situationen auch anwenden, genauso wie die vorige Übung.
Was ich sagen will ist, dass, wenn du mit etwas beschäftigt bist, du nur ausschließlich Aufmerksamkeit gibst auf das, was du tust und nicht mit deinen Gedanken schwankst oder dahintreibst. Es wird dir auch helfen fokussierter zu werden, deine Aufgaben schneller zu absolvieren, effizienter zu sein, weniger Probleme zu haben, dein Programm in einen engen Zeitplan einzupassen usw.

Noch eine Übung: Sitze still und nimm ein Wort: Zum Beispiel „Auge". Denk alles über das Auge, was du nur kannst: Es kann sehen, es ist ein Ball, es hat verschiedene Schichten, Linsen, es kann sich brennend anfühlen, es kann einen Katarakt haben, man kann es schließen mit den Augenlidern, es gibt ein inneres Auge und ein äußeres Auge, vielleicht braucht es Kontaktlinsen oder eine Brille, man spricht über das böse Auge, das dritte Auge,

Meisterin im Minirock

ein blaues Auge, man kann mit seinen Augen lesen, man kann verschiedenfarbige Augen haben, meistens hat man 2 Augen... geh weiter bis es nichts mehr gibt über ein Auge, was dir noch einfallen könnte. Jedes Mal, dass du dich ertappst beim denken an etwas, das mit ‚Auge' nichts zu tun hat, komm wieder zurück zu ‚Auge'. Ich nenne dieses: Bewusstes Denken innerhalb der Willenskraft. Es hilft dir, deine Gedanken zu organisieren und deinen Verstand zu schulen und zu disziplinieren.

Sobald du das mit einfachen Wörtern kannst, benutze Wörter die dir sogar mit deinem inneren Wachstum helfen. Da kannst du Wörter benutzen wie: Disziplin, Willenskraft, bedingungslose Liebe, Selbstlosigkeit, Verantwortung, Großzügigkeit sowie die negative Seite des Wachsens, um dir mehr der Fallen bewusst zu werden, die dich auf dem Weg erwarten: Neid, Gier, Missbrauch (sexueller Missbrauch, Machtmissbrauch, Positionsmissbrauch) Besserwisserei, Rechthaberei usw.

Auf diese Art entwickelst du dich, disziplinierst zu gleicher Zeit deinen Verstand und wirst dir mehr deiner Muster bewusst, aber, während du diese ausführst, bleib bei der Übung und lass dich nicht verlocken, dich in deine neuen Entdeckung zu vertiefen, denn das ist, dich wieder emotional verbinden. Vertrau, dass sobald du etwas verstehst, du es auch wirklich verstehst.

Natürlich ist das Stillsitzen in der Stille eine wichtige Form, um Meditation zu lernen, aber du magst mit diesen Übungen erst anfangen, falls du es schwierig findest die innere Stille zu erreichen.

Meisterin im Minirock

Wenn du dann mehr Frieden in deinen Gedanken spürst, fang an 15 Minuten mit deinen Augen zu, still zu sitzen, während du dich auf dein Herzchakra konzentrierst, ohne dass du dabei deinen Körper bewegst. Mit der Zeit, wenn das einfacher wird, kannst du die Zeit für diese Meditation verlängern. Aber wenn du keine Zeit hast, eine Stunde still zu sitzen, mach dann die vorigen Übungen, die können und werden genauso gut helfen.

Visualisierung

Eine häufig angewandte Übung in Meditation ist Visualisierung. Ob das gut oder nicht gut ist, hängt davon ab was du damit meinst. Wenn es bedeutet, dass du anfängst etwas in Bildern zu sehen was in deiner Meditation passiert, ist das prima. Aber wenn es bedeutet, dir etwas vorzustellen was es nicht gibt, ist das nicht richtig.
Es ist sehr wichtig sich NIE etwas vorzustellen. Bleib bei der Realität. Wenn du auf einem Stuhl in deinem Wohnzimmer sitzt, stell dir dann keinen Bach vor der durch eine Wiese läuft wo die wilden Blumen blühen und du da mitten drin liegst.
Es ist Luzifers Werk, zu versuchen, dich von der Realität weg zu ziehen. Bleib immer in der Wirklichkeit. Wenn du nicht sehen kannst, fang nicht an vorzustellen. Wenn du eine geführte Meditation empfängst, fühle dann, ob das, was gesagt wird, in dir resoniert. Fühlen ist auch eine Art von Sehen.

Wenn du eine stille, nicht-geführte Meditation hast, finde einen Fokus. Ein guter Fokus ist dein Herzchakra. Wenn das dir aber Schwierigkeiten bereitet, nimm deinen physischen Körper. Fang an mit einem Körpercheck: Fühl die Füße, erst die Knochen, Muskeln, Blut- und Lymphgefäße, Nerven, Gewebe, Haut, Haare, Nägel usw.

Meisterin im Minirock

und geh so durch deinen Körper nach oben, auch die Organe spürend, bis der ganze Körper durch ist. Versuch dann bei diesem entspannten Gefühl, das es verursacht hat, zu bleiben und, um nicht einzuschlafen, sitze aufrecht, immer mit der Wirbelsäule gerade, ohne dich anzulehnen. Auf diese Art wirst du wach bleiben oder wieder wach werden, wenn du die Neigung zum Einschlafen bekommst.

Aber, auch wenn das Versuchen in deinem Herzchakra zu sein schwierig ist, bleib dabei es zu wollen. In Kapitel 7 habe ich deutlich beschrieben warum das so wichtig ist. Hier kommst du von der Liebe zu dem Platz des Bewusstseins, wo du vorbeugst, eine Intelligenz ohne ‚Herz' zu werden. Sogar der Versuch, die Absicht, in dein Herzchakra zu gehen, immer wieder, wird dich mehr zu dem machen, der du wirklich bist; was du vorhattest, zu sein wenn du dich erschaffen hast. Natürlich weiß ich, dass das oft nicht so einfach ist. Deswegen werde ich noch ein paar Wege geben, um diesen Schritt immer einfacher zu machen sobald dein Verstand disziplinierter ist, damit es mit deinem Inneren besser kooperiert, statt sein Eigenes zu tun (und auch noch Aufmerksamkeit haben will, während es dieses Eigene tut).

Du kannst damit anfangen, deine Wirbelsäule zu spüren und, falls du Kenntnisse der 7 Hauptchakren hast, fühle in den Teil der Wirbelsäule, wo ein Chakra anfängt und sich spiralförmig nach vorne bewegt, oder, im Falle des Wurzelchakras, nach unten. Es ist eine gute Idee, beim Wurzelchakra anzufangen und dich so nach oben zu arbeiten bis zum Halschakra, oder auch für jede Meditation ein anderes Chakra zu wählen.
Fühle das Dritte-Auge-Chakra zwischen den Augenbrauen und das Kronenchakra oben auf dem Kopf, wo die Fontanellen offen waren.

Meisterin im Minirock

Fühle sie erst körperlich, und vielleicht, während du bei einem bleibst, oder eins nach dem Anderen, abhängig von deiner Ausdauer, fühlst du, dass du mehr nach innen kommst, das ist eine nicht-körperliche Qualität des Chakras. Sobald du dieses einige Male probiert hast, mehr Erfahrung bekommst, wirst du es wahrscheinlich einfacher finden, dein Herzchakra zu erreichen und dort zu bleiben.

Um zu diesem Platz zu kommen, wo du Bewusstsein wahrnehmen kannst ohne es persönlich zu machen, kannst du die folgenden Arten der Meditation üben:

Du kannst deine Gedanken spüren und sie beobachten ohne sie weiter zu denken, und nach einer Weile versuch zu spüren, wo diese Gedanken herkommen. Bleib einfach beim Erforschen: Wo kommen Gedanken her...

Du kannst deine Gedanken beobachten, um dann den Raum zwischen den Gedanken zu fühlen und bleib in diesem Raum; nach einiger Übung bist du vielleicht in der Lage diesen Raum zwischen den Gedanken zu vergrößern.
Egal welche Art von Meditation du übst, es ist wichtig einfach anzufangen, denn sobald du meditierst, wirst du bemerken dass du mehr Ruhe, mehr Frieden in deinem Leben findest. Und das bewirkt schon einen positiven Widerhall in deiner Umgebung.
Sei vorsichtig, dir kein Ziel zu setzen, nur die Absicht bewusster, liebevoller zu werden.

Du siehst, es gibt viele Formen der Meditation. Aber das Wichtigste ist wirklich, dir bewusst zu sein, wie du mit anderen Menschen umgehst, dass du es vom Herzen tust, von diesem Platz der Liebe.

Meisterin im Minirock

Meditation ist wichtig, aber, wenn du es zu einer Lebensweise machst und vergisst, bewusste Schritte zu machen, um der beste Mensch zu werden, der du überhaupt sein kannst, hast du verpasst warum es geht. Es gibt so viele Menschen, die Vipassana-Junkies werden, die zu jedem Retreat rennen und trotzdem nie wirklich vorwärts kommen, aber angeben damit, dass sie so wirklich spirituell sind, da sie dieser Technik nachgehen.

Man ist kein besserer Mensch, weil man irgendeiner Disziplin nachgeht. Aber, Meditation kann dazu beitragen, dass mehr Ruhe in Körper und Seele entsteht, was dafür sorgt, dass der Mensch mehr Selbst-Kontrolle gewinnt und rücksichtsvoller wird. Sie kann innerlich Raum schaffen, in welchem Offenbarungen aufsteigen können. Es hilft, diesen scheinbar endlosen Strom von Gedankenmustern, die uns in bestimmten Verhaltensweisen gefangen halten, zum Schweigen zu bringen. Es hilft uns, weniger an unseren Emotionen zu hängen, zu haften.
Ich rede hier über die Meditationen, in welchen man sich von den normalen, geschäftigen Umständen im Alltag zurückzieht zu einem ruhigen Ort, wo man für, lassen wir sagen eine halbe Stunde oder eine Stunde, Stille sucht.

Wenn man alles bewusst tut, und man ist sich bewusst über dieses Bewusstsein in allem, was man tut, den ganzen Tag lang, während man das normale praktische Leben, in welchem Dienstbar-Sein die Hauptrolle spielt, lebt, dann ja bitte, mach Meditation zu deiner Lebensweise.

Auf diese Art ist Meditation vollständiger Teil und nicht eine Form des Flüchtens.

Meisterin im Minirock

Versuch diese Momente der Stille einzubauen, denn es wird es einfacher machen, dich selbst und andere *nicht* unter Druck zu setzen, noch wirst du geneigt sein, zu viel zu reden. Du wirst deine inneren Sinne sowohl wie Mitgefühl entwickeln. Dein Blick für wahre Schönheit wird sich vertiefen und dein Verständnis für wirkliche Werte wird größer werden oder zurück kommen. Du wirst dich glücklicher fühlen, deine Angst wird abnehmen und du wirst ein besserer Gefährte für dich selbst und andere werden.

Vielleicht hast du bemerkt, vielleicht auch nicht, dass, während du dieses Buch liest, etwas in dir passiert, obwohl du manchmal vielleicht nicht verstehst, was ich gerade versuche zu überbringen. Es gibt ein tieferes Verständnis, das hier passiert, und das geschieht in deinem Herzchakra. Du wirst bemerken, dass, wenn du anfängst zu meditieren, egal in welcher Form, du diese tiefere Form von Verständnis bewusster mitbekommen wirst.

Ich werde dir ein Beispiel aus meiner eigenen Erfahrung geben: Ich arbeite sehr hart und habe viele Projekte zu gleicher Zeit am Laufen. Von außen gesehen benehme ich mich bestimmt wie ein guter Mensch der korrekt lebt. Aber innerlich spüre ich Stress, diesen Druck und Unbehagen. Ich habe mir das oft angeschaut und mein Leben ruhiger gemacht, mehr Momente in welchen ich ein bisschen Energie tanken kann, eingebaut und versuche so viel es geht Druck egal welcher Art zu vermeiden. Aber dieses Gefühl dauerte an, und ich konnte ihm keinen Namen geben. Ich schaute mir das Gefühl an, nicht gut genug zu sein, das Gefühl dass ich etwas verpasse, was ich hätte sagen, erinnern oder tun sollen. Aber das machte alles keinen Unterschied.

Ich meditiere jeden Morgen und jeden Abend. Plötzlich fühlte ich, in einer Meditation, dieses Unbehagen ist schuld:

Meisterin im Minirock

Ein Gefühl davon, dass ich ein zu gutes Leben lebe; ich habe einen reizenden Ehemann, wunderbare Freunde, genug Kleidung, Schuhe usw., herrliche Töchter, ich gehe der Arbeit nach, die ich liebe, ich bekomme Anerkennung und genug Geld um das Essen zu kaufen, das ich wirklich essen will; ich kann wählen was ich essen will...

<Ich war in Afrika wo es herzzerreißend war zu sehen, wie so viele Menschen nicht nur in der Position sind, dass sie keine Wahl haben, sie können nicht mal die Menge, die sie gerne essen würden, essen, haben kein klares und sauberes Wasser zum Trinken. Sie hängen ihre Wäsche zum Trocknen über die Pflanzen, nicht weil das ihr Brauch wäre, sondern weil sie nicht mal genug Geld haben um Wäscheklammern zu kaufen.>

Das ist warum ich mich schuldig fühle; weil ich ein gutes Leben habe. Ich habe alles, was mit Arbeit oder Anstrengung zu tun hat, versucht zu vergrößern, damit ich dieses wunderbare Leben nicht genießen würde. Ich würde sehr spartanisch leben, einfacher essen als ich mag oder als gut für mich ist, nicht mal ein gutes Buch lesen, sondern nur das was mich in meiner Arbeit bereichern kann; weniger schlafen und ruhen als ich wirklich brauche und nicht ans Meer gehen da das ja Freizeit ist... Kannst du sehen was ich meine? Was für eine Verschwendung??? Da habe ich so ein wunderbares Leben und ich erlaube mir selbst nicht, es zu genießen? Das ist allerdings ein Muster, das kommt durch die Tatsache, dass als ich geboren wurde, mein Vater mich nicht am Leben lassen wollte; so war mein erster Eindruck, dass ich Leben nicht verdiene, so beginnt kein gutes Leben.

Meditation brachte über die Jahre die verschiedenen Puzzlestücke dieses Teils meines Lebens zusammen.

Meisterin im Minirock

Durch immer wieder in mein Herzchakra zu gehen, war ich (bin ich) in der Mitte von dem, was ich bin, und fing immer mehr an, die verschiedenen Teile meines Lebens zu sehen, meine Muster und Umstände, von drinnen aus, von dem Teil aus, das das richtige Ich ist.

Wenn Meditation korrekt ausgeführt wird, mit der richtigen, inneren Haltung und nicht als eine Jagd auf angenehme Empfindungen, ist sie in der Tat von sehr praktischem Nutzen.

Wenn du ausgewählt hast, was für dich das Beste ist, empfehle ich zwei Mal täglich zu meditieren, jeden Tag: Sofort nach dem Aufwachen und als letzter Akt vor dem Schlafengehen. Zeiten die besonders inspirierend und stark für Meditation sind, sind Sonnenaufgang und Sonnenuntergang. Sei dir bewusst, dass Meditieren vor dem Schlafengehen das Einschlafen beschleunigen kann und deine Meditation dann nicht länger als 5 Minuten dauert. Falls du Schlafschwierigkeiten hast, ist das hilfreich. Aber sei vorsichtig, nicht zu unbewusst zu werden: Meditation ist um bewusst zu werden!!

Sei dir auch bewusst, dass, sobald du ständig versuchst die beste, liebevollste Person zu sein, die du sein kannst, *bist* du in einem meditativen Zustand.

Meisterin im Minirock

Meisterin im Minirock

Meisterin im Minirock

Kapitel 13. Pferde?!

Du wirst dich wahrscheinlich sehr wundern, warum ich über Pferde schreiben will. Vielleicht fühlst du, dass du absolut kein Pferdemensch bist. Das kann sein, weil du keine Gelegenheit gehabt hast, Pferden zu begegnen, wie wir das tun. Deswegen möchte ich einen Teil von dem, was mit Pferden leben für mich bedeutet, mit dir teilen, da ich gesehen habe, dass wir so viel von denen lernen können, wenn wir sie von nah beobachten.

Die Pferde, worüber ich reden werde, sind Islandpferde. Der Grund hierfür ist, dass diese Rasse meistens noch auf natürliche Art gehalten wird und sie sind möglicherweise die reinste Rasse auf der Erde, am nächsten zum ersten Wildpferd. Da ich fühle, dass manche etwas gegen diese Aussage einzuwenden haben, werde ich das kurz erklären. Da das isländische Gesetz schon seit langem verboten hat, Pferde nach Island zu importieren und jedes Pferd, das ausgeführt wird, außerhalb von Island bleiben muss, haben sie die Rasse rein gehalten.

Islandpferde werden nicht in getrennten Ställen gehalten; sie leben zusammen in Herden, sowie sie das in der Wildnis tun würden. Dies sorgt für das natürliche Verhalten, über das ich mit dir reden möchte.

Jede Herde hat ein Leitpferd. Manche Herden bestehen nur aus jungen Hengsten, manche nur aus Stuten; manche Herden sind gemischt und haben weibliche und männliche Pferde zusammen, aber normalerweise ohne Hengste. Der Grund hierfür ist, dass ein Hengst mit jedem anderen männlichen Pferd um die Stuten kämpfen wird. Wenn die Herde gemischt ist, wird es eine Leitstute und einen Leitwallach geben, und, abhängig von der Stärke des Charakters, wird einer von diesen beiden dominanter sein als der Andere.

Meisterin im Minirock

Aber normalerweise ist die Stute das Leitpferd und der Rest der Herde wird ihr folgen. Sie hat die Weisheit. Sie sorgt, dass es zu Essen gibt, verteidigt gegen Eindringlinge, aber sie schützt auch die Schwächeren innerhalb der Herde. Sie wird erziehen und auch klar machen, dass sie ihren Frieden will... Frieden über alles andere.

Wir nehmen die Situation, in welcher neue Pferde einer bestehenden Herde beitreten müssen. Gehen wir davon aus, dass es Stuten sind, die in eine gemischte Herde gehen sollen.
Eines dieser neuen Pferde war ihr ganzes Leben lang die Leitstute.
Sie ist eine charaktervolle Stute, die ihre Qualitäten in der Zucht stark weitervererbt. Ein Pferd mit starkem Charakter bedeutet, dass das Pferd innerlich im Gleichgewicht ist, in sich selbst ruht, weise ist und andere Pferde fast immer diese Weisheit anerkennen werden.
Nach dieser letztgenannten Eigenschaft der Pferde sollten wir Menschen schon mal streben... Weisheit in anderen anzuerkennen ohne Neid. Das Leben würde so viel schöner und effizienter sein, wenn wir es schaffen würden, unsere Egos nicht so brüllen zu lassen...

Zurück zu den Pferden: Die neuen Pferde werden auf die Wiese geführt, wo die bestehende Herde steht. Lass uns annehmen, dass es eine Stute mit ihrem Stutfohlen ist. Die bestehende Herde wird neugierig sein und schauen kommen. Da diese Stute eine Leitstute war, wird sie weglaufen, ihr Stutfohlen wird der Mutter folgen. Das sorgt dafür, dass die anderen nicht attackieren werden. Nach einigen Tagen wird die neue Stute, die gesehen hat, dass sie weiser und mehr in der Lage ist die Herde zu führen als die jetzige Leitstute, sich der Herde annähern. Wahrscheinlich werden die andere Pferde sie ablehnen und ihre Ohren anlegen (nach hinten), was ein feindseliges Verhalten ist.

Meisterin im Minirock

Die neue Stute wird sich zurück-ziehen und während der nächsten Tagen wird sie sanft ihre Fähig-keiten zeigen, immer wieder zu der Herde zurückkommend, ohne jemals die Leitstute herauszufordern, da das die Herde in Gefahr bringen würde. (Sie kann nicht wissen, dass, da sie nicht in der Wildnis sind, es keine wirkliche Gefahr gibt.) Nach einigen Tagen wird das eine oder andere Pferd sich mit ihr anfreunden. Ab jetzt werden sie bei ihr Rat einholen. Mehr und mehr Pferde kommen jetzt zu ihr. Wenn das alles klar ist, kommt auch die Leitstute und schließt Freundschaft, ohne jedoch nachzulassen es den anderen klar zu machen, dass sie, nach der neuen Leitstute, immer noch die höchste im Rang ist. Das alles passiert ohne Kampf, ohne Wehtun, aber mit klarer Weisheit, seine Fähigkeiten zu zeigen und nicht zurück-zuhalten und anfangen zu schmollen.

Pferde machen es sehr klar, dass es eine natürlich Hierarchie gibt und dass nur, wenn man diese natürliche Hierarchie anerkennt, das Leben gut funktioniert. Das ist etwas, das wir Menschen noch lernen müssen. Warum wollen wir führen, wenn wir keine geborenen Führer sind, warum eine Person die es ist, dafür beneiden?
Das bedeutet nicht, dass die Herde die ganze Zeit gleich bleibt. Während Pferde wachsen und stärker werden, mehr Erfahrung bekommen und weiser werden, kann die Hierarchie sich ganz deutlich verändern. Die Dispute zwischen Pferden, die nicht Leitpferde sind, sind häufig, denn, wenn Pferde wachsen, ändern sie sich... wie Menschen, und manche werden stärker und andere nicht. Normalerweise sind diese Kämpfe um die Rangordnung harmlos, da Pferde ihren Schutz und ihr Wohlbefinden viel wichtiger finden als zu gewinnen. Sobald sie sehen, dass sie nicht die Stärksten sind, werden sie, ohne ihren Stolz zu verlieren, aufhören. Was ist, ist...

Meisterin im Minirock

Wenn nur ein neues Pferd in die Herde geführt wird, werden meistens (fast) alle Pferde dieses Pferd ablehnen, was sie dadurch tun, dieses Pferd zu hetzen, das heißt es rennen zu lassen. Aber es gibt immer ein Pferd, nicht notwendigerweise das Leitpferd, das zwischen dieses Pferd und die Herde rennt, um das neue Pferd zu schützen gegen Bisse und andere Attacken. Das führt meistens innerhalb eine Stunde, manchmal sogar Minuten, zu normalem Herdeverhalten. Es ist faszinierend zu sehen, dass die anderen Pferde diese Entscheidung des einzigen Pferdes, dieses neue Pferd zu schützen, respektieren, und dass sie dann nicht die Attacke fortsetzen, was sie ja einfach könnten.

Eine andere, interessante Reaktion auf Verhalten ist, wenn ein Pferd sich daneben benimmt, zum Beispiel wenn es zu aggressiv oder zu dominant während des Fressens ist oder, wenn es sich den Schwächeren gegenüber schlecht benimmt. Erst wird es in seine Schranken gewiesen durch ein Pferd das es herausgefordert hat, oder in den letzten beiden Fällen (zu dominant während des Fressens oder schlechtes Benehmen den Schwächeren gegenüber) durch das Leitpferd. Das kann verbal passieren, durch Quietschen und Wiehern, oder mit Körpersprache: Angelegte Ohren und manchmal die Andeutung von hinten treten zu wollen, oder, wenn es Wallache sind, auch durch Steigen als Andeutung, vorne Ausschlagen zu können. Wenn all das nicht wirkt, kann es sein, dass das Pferd getreten wird. Aber meistens kehrt das Leitpferd diesem Pferd den Rücken und versammelt den Rest der Herde, dieses Pferd ausschließend. Das ist eine klare Botschaft: Wenn du dich nicht benehmen kannst, kannst du kein Teil unserer ‚Familie' sein. Nur wenn dieses Pferd sich entschuldigt, das heißt mit dem Kopf nach unten und kauend sich vorsichtig nähert, wird es durch die anderen Pferde wieder in der Herde aufgenommen.

Was wir hier lernen können ist, dass kämpfen nicht der Weg ist;

Meisterin im Minirock

dass wir es klar machen sollen was nicht gut ist und nur wenn unsere Mitmenschen sich gut zu benehmen wissen, können wir sie in unserem Leben zulassen.

Was allerdings möglicherweise eine der beeindruckendsten Erfahrungen mit Pferden ist, ist die Tatsache, dass sie unglaublich stark sind: In seinem Nacken hat das kleinste Pferd schon sieben Mal mehr Muskelkraft als egal welcher starke Mann, und trotzdem sind sie so nobel.
Sie werden diese Kraft nicht zum Verletzen benutzen; sie bevorzugen es zu fliehen. Wenn ich sehe, was manche Menschen (leider viel zu viele) machen, um ein Pferd zahm zu kriegen, damit sie es reiten können, das Brechen eines Pferdes, denke ich oft was passieren könnte, wenn Pferde wie Menschen wären... mit der Kraft, die sie in ihrem Körper haben, haben wir überhaupt keine Chance. Aber, das Pferd bevorzugt es seinen Willen brechen zu lassen, als uns weh zu tun. Ist das nicht die Lektion, die Jesus Christus uns erteilen wollte?

Wir sollen allerdings nicht denken, dass wenn ein Pferd gebrochen worden ist, es unser Freund sein wird. Wir werden ein Pferd haben, das gehorcht, aber wir werden nie das Pferd haben, das selber denkt und deswegen in wirklich gefährlichen Situationen selbständig handelt und unser Leben retten wird. Es wird das machen, was wir von ihm verlangen, weil es sich dazu gezwungen fühlt, nicht weil es Spaß hat mit dem Reiter zusammen zu sein, kein Spaß am Rennen oder Gehen. Und... es hat gelernt Menschen immer zu misstrauen.

Jedoch, wenn wir mit dem Pferd arbeiten in der Pferdesprache, bekommt es Spaß an dem, was es tut, es will uns gefallen wollen und unser Freund sein.

Meisterin im Minirock

Und wenn wir hier ankommen, dass wir versuchen mit und für das Pferd zu arbeiten, nicht gegen es, werden wir diesem wunderbaren Tier vertrauen können und es wird uns vertrauen, und wir werden überall hingehen können wo wir wollen, da das Pferd uns zeigen wird, was es mag und was nicht und wo es Gefahr spürt und wo es Spaß am Laufen hat.

Auf dieser Art haben wir einen Gefährten der einem Freund gleicht, nur die Sprache ist anders. Trotzdem ist es sehr wichtig, das Pferd wissen zu lassen, wer der Chef ist. In menschlichen Beziehungen ist das nicht anders. Statt um Anerkennung und Bestätigung zu kämpfen, müssen wir nur standhaft in unserem Selbst stehen und sein was wir sind.
Dann ist unser Platz klar definiert und normalerweise nicht in Frage gestellt. Natürlich passiert es zwischen Menschen, genauso wie bei den Pferden, auch immer mal wieder, dass sie sich messen wollen, wer besser oder stärker ist; aber wir sollen es so machen wie die Pferde: Bleib aber nur der, der du bist und streite nicht, nimm die Herausforderung nicht als Kampfansage an: Man kann eine offene Tür nicht eintreten!!

Natürlich könnte ich auch über andere Tiere reden, da sie alle diese besonders eigenen Qualitäten haben, woraus wir lernen können. Aber für mich sticht dieses Tier, immer nobel, heraus, da es sich von sich aus nicht gegen uns wenden wird, im Gegensatz zu den meisten anderen Tieren.

Diskriminierung

Wenn ich uns Menschen anschaue, sogar mich selbst, sehe ich wie oft wir diskriminieren.

Meisterin im Minirock

Nicht nur Rasse und Farbe, sondern auch wie Menschen sich anziehen, Piercings oder Tätowierungen haben usw. Wenn ich die Pferde beobachtete, habe ich das nicht festgestellt. Ich habe gemischte Herden gesehen, das heißt Pferde von unterschiedlichen Rassen: Haflinger, Islandpferde, Araber, Hannoveraner, Mischlinge, Norweger, Kalt- und Warmblut alles zusammen; da gab es totale Harmonie. Oder Herden, die nur aus einer Rasse bestanden, wie Islandpferdeherden, aber mit aller Art Farben, Geschlecht und Altersgruppen und... kein Problem. Denk aber nicht, dass Pferde so etwas nicht sehen, denn das tun sie. Ich habe oft beobachtet, wie Pferde der gleichen Farbe wirklich gute Freunden werden, oder ein sehr großes Pferd mit einem winzigen Shetlandpony; oder Pferde von der gleichen Zuchtlinie, die aber ganz anderswo gezüchtet worden sind, sie erkennen oder finden sich... Manchmal gibt es Disharmonie, aber nicht weil die Rasse oder Farbe eine Rolle spielt, sondern das Verhalten.

Wie ist das bei uns Menschen? Wir diskriminieren die ganze Zeit und oft wollen wir das nicht wahrhaben. Aber es ist sehr wichtig, uns bewusst zu sein, dass wir es tun. Wenn ich weiß bin und auf der Straße einer schwarzen Person begegne und versuche meine beste Seite zu zeigen, da ich nicht möchte, dass diese Person sich diskriminiert fühlt, bin ich voll am diskriminieren!! Es macht nichts, wenn das jetzt im Guten passiert.

Wir wollen nicht diskriminieren; für uns sind alle Menschen gleich und sollten gleiche Rechte haben, aber wenn wir uns unbehaglich fühlen in Gesellschaft von jemand mit anderer Farbe, Religion oder Kultur, oder sogar wenn wir nicht mal bemerken, dass es Unbehagen gibt, wir aber deutlich reagieren, weil er anders ist als wir, und wir entsprechend handeln, müssen wir uns realisieren, *dass* wir diskriminieren, trotz des guten Willens.

Meisterin im Minirock

Solange wir uns dessen bewusst sind, wird es einfacher sein anständig und schicklich zu reagieren und unsere Ängste (denn am Ende kommt dieses immer aus Angst hervor) in den Hintergrund zu befördern. Wenn wir uns auf diese Art der Person öffnen, werden wir vielleicht wundervoll überrascht!!

Wir sollten uns realisieren, dass all dieses in uns passiert, weil wir ein unbewusstes Muster, ein unbewusstes Programm in uns tragen. Wir brauchen uns deswegen nicht zu tadeln, denn das hat einen guten Grund, aber wir sollten, aus Unbehagen, auch nicht überheblich werden, denn wir sind nicht überlegen. Falls es nötig ist oder wir der Situation genug vertrauen, können wir der anderen Person mitteilen, was so in uns vorgeht, da das oft hilft, und... die Person möchte und kann uns vielleicht sogar helfen, dieses Unbehagen zu überwinden.

Wenn du von mir hören möchtest, was *ich* finde, dass wir insgesamt von Pferden lernen können, würde ich mindestens die folgenden Eigenschaften auflisten, die wir lernen sollten, um eine bessere Welt zu erschaffen, da nur eine bessere Welt für *alle* überhaupt eine bessere Welt ist: Kraft ohne Kontrolle; Standhaftigkeit ohne Härte; Klarheit ohne Kälte; Spannung ohne Verkrampfung; Haltung ohne Starre: Sanftheit ohne Schwäche; Schönheit ohne Eitelkeit; Anpassung ohne Resignation; Magnetismus(Charisma) ohne Manipulation.

Wenn ich diese letzen paar Sätze lese, kommt in mir so ein WOW, wenn wir nur einige hiervon schaffen würden, was für eine andere Welt hätten wir dann schon erschaffen!! Stell dir vor: Alle starken Charaktere dieser Welt, die nicht versuchen würden zu kontrollieren, was alleine das für eine enorme Kraft für das Gute, für Alles, auf einmal freisetzen würde.

Meisterin im Minirock

Falls du eine kraftvolle Person bist, versuch dann zu spüren, wie viel weniger anstrengend es wird, sobald du bereit bist, deine Kontrollesucht gehen zu lassen!

Standhaftigkeit ohne Härte: Denk hierbei vor allem an jede Form der Erziehung. Wir lehren standhaft und sind konsequent, bleiben aber liebevoll und werden nie hart; wie wunderbar wäre das für unsere Schüler, Studenten, Kinder... Sie würden Sicherheit finden und sich unterstützt fühlen, ohne jemals das Gefühl zu haben, dass jemand *gegen* sie wäre. Sie werden begierig lernen wollen!

Klarheit ohne Kälte: Wenn wir die Fähigkeit Sehen zu können benutzen, um zu ermöglichen, konstruktiv zu sein, dabei aus unserem Herzchakra kommend, von diesem Platz der Liebe aus, werden wir eine große Hilfe und Kraft für die neue Gesellschaft sein können, die wir helfen zu erschaffen.

Spannung ohne Verkrampfung: Das ist so sein wie eine Katze vor dem Sprung: Alles ist total wach und trotzdem vollständig entspannt, aber nicht schlaff: Der ganze Organismus ist wach. Wir werden zu jeder Zeit bereit sein für das was nötig ist; nichtsdestoweniger werden wir entspannt sein, ohne zu warten, wenn keine Aktion gefragt ist, und trotzdem völlig in dem Moment.

Haltung ohne Starre: Wir werden innerlich stolz sein über das, was wir sind und zeigen dies auch, aber es gibt nirgendwo nur einen Hauch etwas verteidigen zu wollen, von dem woran wir glauben, was wir leben, oder als Einstellung haben. Wenn neue Klarheit kommt, neue Einsichten, transformiert sich unsere Einstellung als logisches Ergebnis.

Meisterin im Minirock

Auf diese Art bringen wir unsere Werte in die Welt hinein, damit die Welt sie anschaut, und akzeptieren die, die sie gültig findet, und wir tun das Gleiche mit den neuen Werten, die uns präsentiert werden.

Sanftheit ohne Schwäche: Wenn wir sanft sind, sind wir für andere angenehm. Sie lieben es, uns in ihrer Nähe zu haben, so wenn wir etwas vermitteln wollen sind sie empfänglich, da unsere Sanftheit erfahren wird als etwas das sie frei lässt und sie zu gleicher Zeit umhüllt. Wenn wir in dieser Sanftheit nicht schwach sind, werden wir eine Kraft ohne Unterdrückung ausstrahlen. Sie werden sich nicht manipuliert fühlen, noch einen Grund spüren, in die Opferrolle fallen zu müssen, damit wir diese Art von Haltung nicht ausstrahlen. Unsere Anwesenheit wird überzeugend sein ohne dass wir versuchen zu überzeugen.

Schönheit ohne Eitelkeit: Wenn du morgens in den Spiegel schaust und dein schönes Gesicht und schönen Körper siehst, kannst du dieses Gefühl von Ehrfurcht haben: ‚Dieses bin ich und dafür bin ich so dankbar! Dass ich so aussehen darf und mich so bewegen kann und darf...' Du wirst dich über dein Aussehen erfreuen ohne anmaßend zu sein. In dem was du machst: Wenn du etwas tust und siehst wie gut es geworden ist, wie perfekt, schön, besonders du es getan hast und dich nur erfreust an dieser Fähigkeit deiner Kreativität, du siehst und lebst diese Schönheit ohne Gefühl der Überlegenheit, keine Überheblichkeit, keine Einbildung, dann bist du für diese Welt vom großen Gewinn, obwohl diese Welt daran noch nicht gewöhnt ist; aber das wird sie schon lernen!!

Anpassung ohne Resignation: Wir leben in einer Gesellschaft und nicht *allein* auf diesem Planeten.

Meisterin im Minirock

Es gibt Sachen, die wir tun werden, damit die Gemeinschaft gut funktioniert, um keine Disharmonie hervor zu rufen, also werden wir uns anpassen. Das heißt aber nicht, dass wir uns selbst aufgeben oder das woran wir glauben. Es bedeutet, dass wir uns in die Gemeinschaft einfügen auf eine Art, dass die Gemeinschaft, mit unserem ganzen Willen und Billigung, zu ihrem Besten funktionieren kann, während wir alles, was wir können geben werden und da zurückhalten, wo dieses (noch) erforderlich ist.

Magnetismus(Charisma) ohne Manipulation: Einige von uns haben diese besondere Ausstrahlung die anzieht. Die Kunst ist, das zu erkennen und es positiv einzusetzen. Wir werden Menschen anziehen und, mit allen Karten auf dem Tisch, werden wir sie wissen lassen, was wir vor haben. Wir werden sie total frei lassen in dem, was sie glauben oder entscheiden wollen und, sogar wenn wir davon überzeugt sind, dass es für alle das Beste ist, nicht unsere Fähigkeiten benutzen, sie von irgendetwas zu überzeugen oder überreden.

Was für eine Aufgabe haben wir vor uns; was für eine wundervolle, interessante, abenteuerliche Aufgabe. Und dann rede ich noch nicht mal über die Gleichberechtigung der Geschlechter: So wie ich es sehen kann, werden wir erst dann, wenn wir Geschlechtergleich-berechtigung erreicht haben und offene Sexualität akzeptieren (ich meine nicht sich auf der Straße im Liebesakt hinzugeben!), damit dass endlich kein Tabu mehr ist, die Welt wirklich verändern können in dieses Paradies wonach wir uns alle so stark sehnen.
Also Frauen: Boykottiere nicht dein eigenes Geschlecht: Höre deine Mit-Frauen an und höre damit nicht auf, wenn plötzlich ein Mann anfängt zu reden (sogar unterbricht).

Meisterin im Minirock

Das gilt natürlich auch für Männer: Höre der Frau zu, wenn sie dran ist mit Reden und erlaube Männern nicht, sie zu unterbrechen oder sich zu benehmen, als ob ihr Männer mehr Rechte oder mehr zu sagen hättet. Akzeptiere weibliche Chefs/Geschäftsführer mit der gleichen Natürlichkeit wie männliche. Bleib Frau mit weiblichen Qualitäten und ahme männliches Verhalten nicht nach, denn das ist nicht Dir-selbst-treu-bleiben noch der Grund, warum du gewählt hast Frau zu sein.
Dieses ist erst der Anfang eines umfassenden, aber lebenswichtigen Prozesses...

Schau in dich hinein und versuch heraus zu finden, wie viel du, durch ererbtes Verhalten, die Rollen von weiblichem und männlichem Verhalten akzeptierst. Findest du es auch in deinem Herzen normal, dass Männer oft herablassend zu und über Frauen sprechen? Diese Frage richte ich an Männer und Frauen!!
Aber das Folgende soll auch klar sein: Wo es Qualitäten gibt die eine Frau oder ein Mann besser beherrscht, lass sie/ihn dieses tun!! Such in deinem Kopf und in deinem Herzen und sieh wie viel es da gibt, das nicht in Einklang ist. Das hier alleine schon ist ein wunderbarer Weg zu größerem Bewusstsein.

Meisterin im Minirock

Meisterin im Minirock

Meisterin im Minirock

Kapitel 14. Gott und Ich

Wir haben so viele Fragen und Ideen über Gott. Doch bin ich sehr unverschämt gewesen und habe dieses Kapitel Gott und ich genannt. Warum würde ich so etwas machen? Was steckt dahinter? Ist das wirklich nur unverschämt oder impertinent oder hat das eine tiefere Bedeutung?

Ich hoffe, dass, nachdem du alle vorigen Kapitel gelesen hast, du vertraust, dass es eine tiefere Bedeutung hierfür gibt.

Wo alles anfing...

Wenn ich wissen will, was Gott ist, oder was ich bin, muss ich einen sehr langen Weg zurück gehen. Jetzt ist es leider für die meisten Menschen unmöglich geworden, zurück in ihrer Erinnerung zu gehen, besonders die Erinnerung über dieses Leben hinaus.

Da ich sehr hart daran gearbeitet habe, diese Erinnerung wieder zu finden, und ich vor sehr vielen Jahren zurückgeschaut habe in das, was wir Zeit nennen, werde ich dir erzählen, was ich gesehen habe. Ich bin mir sehr bewusst, dass das für dich nicht die Wahrheit sein braucht, dass du es nicht glauben möchtest/kannst/wirst; das ist völlig in Ordnung. Ich möchte dich allerdings bitten, das ganze Kapitel durchzulesen, um zu sehen, ob es irgendetwas gibt, das in dir resoniert, oder sogar drinnen etwas in Gang setzt. Auch möchte ich klar darstellen, dass dieser Rückblick viele Jahre zurück liegt, aber ab und zu, immer mal wieder, schau ich noch mal, und finde keine Veränderung in dem was ich sehe, außer vielleicht, dass ich mehr Details sehe, die für dieses Kapitel nicht relevant sind.

Meisterin im Minirock

Die meisten von euch, die dieses Buch lesen werden, wissen, dass die Mehrheit der Menschen glaubt, das ‚es' anfing mit dem Big Bang. Das sind allerdings nur Annahmen.
Ich habe versucht jemand zu finden, der das tatsächlich gesehen hat, erfahren hat und habe keinen gefunden.

Ich kann nur meiner Erfahrung vertrauen und dem, was ich sehe. Deswegen entschied ich mich, die Herausforderung anzunehmen, immer weiter zurück zu schauen, bis ich nicht mehr weiter gehen konnte. Ich werde erklären, was ich gesehen und erfahren habe, es mit dir teilen und hoffe, dass du mich nicht auslachst.
Ich werde Worte benutzen, die wir kennen, um zu versuchen, meine Erfahrung zu beschreiben, was manchmal schwierig ist, da es für das Meiste, das ich erlebt habe, (noch?) keine Worte gibt. Ich werde versuchen hinter den Worten das zu befördern, was wirklich ist...

Die ganze Zeit erfuhr ich *meine* Präsenz; es war anders, als wenn ich deutlich in meinem Körper bin und etwas tue, aber ich kann bezeugen, dass ich die ganze Zeit bewusst war.

Ich erlebte etwas, das ich am besten beschreiben kann als Nebel; eine Art Feuchtigkeit ohne das Gefühl, dass es Wasser ist, während es zu gleicher Zeit hell und so ein bisschen dunkel ist; so ähnlich wie wenn man im Nebel ist und jemand weit weg mit einem Licht darein leuchtet. Aber dieses fühlte sich mehr an wie Dunkelheit, die die Kapazität von Licht in sich hielt, aber es war auch nicht richtig dunkel.

Es gab etwas, das ich Freude zum Sein nennen würde, oder vielleicht Freude am Sich-Selbst-Erleben. Und Liebe, alles hat diese Anwesenheit der Liebe, Lieblichkeit und Gesegnet-Sein innen.

Meisterin im Minirock

Trotzdem war es zugleich sehr still; still im Sinne von Abwesenheit von Lärm. Und Ich war da, nicht als das, was oder wer ich jetzt bin, aber ich war ‚Es'. Du warst auch ‚Es'. Und alles was ich heut zutage kenne und vermute zu wissen war ‚Es', war ‚da'.

Es war sehr still und trotzdem hatte es so ein Gefühl des ständigen Sprudelns, der Aufregung in sich; und etwas, das ich als Neugier beschreiben würde. Es gab Gefühl von –Verlangen nach Ausdruck- aber nicht auf die Art, wie wir fühlen, nicht mit Zwang. Es war völlig frei von Emotionen. Und doch gab es etwas wie ein Verlangen sich selbst die eigenen Möglichkeiten zu zeigen. Der ‚Drang' nach Schöpfung fing an sich zu manifestieren.

Bitte realisiere dir, dass wir fast bei jedem Wort Emotionen erleben; das Wort ‚Drang', das Wort ‚Stille', das Wort Freude, wir verbinden sie alle mit einer Emotion. Aber hier gab und gibt es keine Emotion. Es sind Gefühle, und Gefühle sind. Ohne irgendwelche Form der Wertung.

Und dann schöpfte 'Es' Weisheit. Jetzt wurde Weisheit ein Name gegeben: Sofia (auch das griechische Wort für Weisheit). Mit dem der Weisheit einen Namen zu geben, ein Wort, entschied ES erst Idee zu sein, dann Wort und dann Manifestation.

Jetzt solltest du mich bitte nicht verkehrt verstehen: Die Schöpfung und ‚ES' (das sind auch du und ich) ist alles dasselbe, jedoch plötzlich in einer Vorwärtsbewegung während alles gleichzeitig passiert. (es ist soooo schwierig mit unserem Wortschatz zu be-schreiben, was –wirkliches Bewusstsein ohne mentalen Verstand- ist!!) All dieses geschah sehr still, sehr sanft und gleichzeitig sehr stark.

Meisterin im Minirock

Falls du dich erinnerst, worüber ich im vorigen Kapitel gesprochen habe: Sanftheit ohne Schwäche, das war das definitiv: SANFTHEIT OHNE SCHWÄCHE. Und Ich, die ICH BIN-Präsenz, war da!

Jetzt werde ich große Sprünge machen, da ich nicht ins Detail gehen will. Sofia in ihrer Weisheit ‚erwähnte' erst Licht, und das Licht wurde manifest.
Dann schöpfte Sofia was wir jetzt das Sonnensystem nennen, aber es sah nicht aus wie es jetzt ausschaut. Alleine der Planet Erde hat sich seit dem sehr oft verändert, die anderen nicht zu erwähnen. Und wir, in oder als die ICH BIN-Präsenz, waren da die ganze Zeit. Wir waren nicht körperlich, aber wir waren schon bestimmt Menschenwesen zu werden, oder besser ausgedrückt: Die menschliche Entwicklung, und wir waren schon Teil einer Hierarchie.

Wir fingen an mannigfaltig zu werden: Bis dahin kann ich es nicht ‚Personen' nennen, aber etwas, das dem ähnlich kommt, da es anders auszudrücken zu schwierig wird um zu verstehen. Wir waren eine Manifestation des Lichtes in verschiedenen Formen.

Und sogar in diesem Seins-Zustand gab es schon Ungereimtheiten. Nicht unbedingt mit oder zu einander, aber wir fanden in uns Kennzeichen, die wir entwickeln wollten. Jetzt würden wir das Schwäche nennen, jedoch in diesem Stadium unserer Entwicklung wurde diese Art von emotionalen Werten noch nicht erlebt.

Um uns daran zu erinnern, dass wir diese Qualitäten entwickeln wollten, schöpften wir die Tiere; jedes Tier repräsentiert eine Eigenschaft-in-Perfektion, die wir auf irgendeinem Punkt in unserer Entwicklung erreichen müssen. Hier konnte ich sehen, dass ‚wir' schon wussten, dass ‚irgendwann' wir so sein würden,

Meisterin im Minirock

wie wir jetzt sind, in einem Körper, und lernen müssen, die Tierwelt zu respektieren und von ihr zu lernen.

Ich werde dir nicht die ganze Erfahrung schildern, denn das würde danach aussehen, als ob ich dich von etwas überzeugen möchte. Darum geht es nicht. Was ich gerne erzählen möchte ist, dass wenn wir anfingen ein –wir- zu werden statt ein –ICH- , brauchten wir nicht zu reden, wir waren nicht stofflich.
Wir konnten zu einander ‚denken', miteinander kommunizieren durch wieder eins zu werden, sowie zwei unterschiedliche Farben sich, eine in die andere, auflösen, und wir wussten…

Und… ICH, die Ich-Bin-Präsenz von jeder/jedem von uns, war hier von Anfang an, hat mit geschöpft an allem was wir jetzt haben, die ganze Zeit. Oh ja, das hast du richtig gelesen: Du warst dabei!!! Genau da, am allerersten Anfang hast du mitgeschöpft, sowie du jetzt auch mitschöpfst. Es gab nie die geringsten Zweifel, dass du Opfer werden könntest… du warst da und hast entschieden = kein Opfer!!
Du bist jetzt hier und entscheidest!! Du bist der Schöpfer deiner Welt, du bist Gott!!!

Das ist unverschämt??!! Ok, stimmt. Du und ich und wir alle sind Gott. Alle zusammen sind wir Eins und schöpfen. Wenn wir jemand verletzen, verletzen wir uns *selbst*, da wir eine schlechtere Situation in dieser Welt verursachen, was bedeutet: Ein bisschen weniger schöne Welt für uns, uns selbst.

Sobald wir das gut verstehen, können wir diese ungeheure Macht die wir sind, zum Guten einsetzen: Wir können eine wirklich wunderbare, paradiesähnliche Welt schöpfen.

Meisterin im Minirock

Ich bin Es, Es ist Ich, Es ist Wir, Wir sind Eins

Ich kann von diesem Kapitel ein ganzes Buch machen, aber ich habe das Gefühl, dass, wenn du diese Worte ein paarmal liest, du verstehen und sehen wirst. Auch wenn du eventuell den ersten Teil ein bisschen seltsam findest.
Bestreitest du, dass wir alle Eins sind? Kannst du sehen, dass wir mit Allem Eins sind? Alles ist der ganze Planet, alles was dieser einschließt und... alles jenseits des Planeten.
Das heißt, dass wenn wir alle Eins sind, alles was jede(r/m) von uns tut, überall widerhallt. Wir sind verantwortlich. Dazu sind wir privilegiert, da wir entscheiden können, in welche Richtung die Menschheitsentwicklung gehen soll. Wir sind verantwortlich, auch für diese Richtung. Wir sind die einzige Spezies auf der Erde, die Richtungen entscheiden kann. Wir wollten, dass es so ist, wir haben es so kreiert. Jetzt ist es uns nicht erlaubt vorzugeben, dass wir diese Verantwortung nicht hätten, denn wir SIND die *einzige* Spezis die entscheidet.

Keine Verantwortung zu übernehmen bedeutet unsere eigene Schöpfung zu zerstören. So würden wir uns selbst zerstören, immer, denn wir sind EINS.

Es ist wundervoll zu sehen, wie mächtig wir sind und was wir alles machen können. Es ist so einfach, die Welt zu verändern, wenn wir, die Menschen, gewillt sind.

Denk mal an Gott wie die Sonne. Die Sonne ist ein enormer Ball aus Licht und ihre Strahlen scheinen auf alle und alles und sorgt, dass es wächst (auf allerlei Art). Jeder von uns ist ein Strahl dieses Lichtes. Licht ist da, um zu scheinen, nicht zum Verstecken. Es wäre lächerlich, Licht zu schöpfen, damit es *nicht* scheint.

Meisterin im Minirock

Also müssen wir scheinen. Das ist unser Zweck.

Kannst du dich noch an den Anfang des Buchs erinnern, wo ich sprach über die roten und grauen Rosen? Du musst eine rote Rose sein, denn das heißt dein Licht scheinen zu lassen. Wenn du dich wie eine graue Rose benimmst, egal aus welchem Grund, ist das nicht gültig, denn du versteckst dein Licht und Licht ist da um zu scheinen. Wenn wir alle unser Licht scheinen lassen, wird alles wunderschön hell und die Dunkelheit kann nicht existieren.

Gibt es noch mehr zu sagen? Vielleicht, dass du nicht die Sonne bist, aber das Licht der Sonne ist in dir und du bist im Sonnenlicht. Du bist nicht Gott, aber Gott ist in dir und du bist in Gott.

Wer bin Ich? Was bin Ich? Ist da ein Unterschied?

Beantwortet das gerade Gelesene die Frage: Was oder wer ist Gott? für dich? Oder die Frage ‚wer bin ich?'

Was ich dir empfehlen möchte, auch wenn du dieses Kapitel ganz verstanden hast und sogar einverstanden bist, dennoch dich selbst immer wieder zu fragen: *Wer* bin ich?

Gehe tief, so tief du kannst, denn du bist nicht ein Bildhauer, ein Arzt, ein Lehrer oder Bankangestellter. Das ist NICHT was du *bist*!!

Um dir ein Beispiel zu zeigen: Das erste Mal, dass ich mich ernsthaft gefragt habe wer ich bin, nachdem ich die oben beschriebene Entwicklung der Welt gesehen hatte, sah ich dass ich Liebe und Mitgefühl *bin*. Nicht eine Lehrerin, Ärztin oder Therapeutin.

Meisterin im Minirock

Dann frage (sowie ich das auch getan habe) *'was* bin ich?' Bitte denke nicht, dass das *was* und das *wie* das Gleiche sein kann: Das sind sie unbestritten NICHT!!

Und wieder, gehe tief. Höre leise nach innen bis die Antwort hoch kommt, sich manifestiert, sich offenbart. Die Antwort die ich bekam war: Die Manifestation der Liebe und des Mitgefühls auf Erden.

Die gleiche Frage habe ich mich jeden Tag zweimal gefragt und während einer ganzen Woche bekam ich die gleiche Antwort. Aber in der zweiten Woche war die Antwort auf das -wer- *Liebe, Mitgefühl, Verständnis und Geduld,* und die Antwort auf die Frage *was* ich bin: *Das unvollkommene Werkzeug, diese Qualitäten der Humanität zu überbringen* ☺.

Nach noch einer Woche war die Antwort auf das *Wer* bin ich, - Friede und Ruhe -, und die Antwort auf *Was* bin ich, war -Die Absicht der Manifestation von Friede und Ruhe für die menschliche Form-. Und jedes Mal fühle ich, dass ich wieder ein bisschen weiter bin im Manifestieren meiner eigenen göttlichen Kreation.

Nachdem du das vorige Kapitel gelesen hast, und jetzt dieses, macht es dann alles einen Sinn? Kannst du sehen wie wichtig es ist, von der Tierwelt zu lernen; die Tiere –wieder - in unsere Welt zu re-integrieren?

Ich hoffe dem ist so, denn ich finde es hart die gleiche Sache immer wieder, mit anderen Worten, zu erklären und so zu tun, als würdest du es nicht verstehen. Das kann ich nicht.

Meisterin im Minirock

Ich möchte nur ein Buch schreiben, um dir zu helfen mit Wegen, dahin zu kommen. Ich möchte nicht tun, als ob du dumm wärest oder sogar ignorant, denn wenn das so wäre, wärest du nicht bis zu diesem Kapitel gekommen. Ich vertraue ziemlich, dass du es verstehst, sowie ich auch darauf vertraue, dass du weißt, dass wenn du Teile dieses Buches noch mal liest, das was du liest eine tiefere Dimension in dir erreicht; es wird verschiedene Teile deines Unterbewusstseins berühren, die bewusst werden wollen. Ich vertraue vollkommen auf dein aufrichtiges Bestreben, das zu entfalten, was ich dein göttliches Selbst nenne.

Deswegen halte ich es kurz, und du kannst das gleiche Material immer wieder benutzen, und während du immer mehr Bedeutung in diesen Worten entdecken wirst, wirst du immer mehr Verständnis von dem ‚Du', ‚Ich' und ‚ES' bekommen. Wir werden unser Licht zusammen scheinen lassen und keine Trennung spüren, keine Rivalität, keine Konkurrenz. Wir werden glücklich sein, scheinen zu können, da wir im Lichte vereint sind.

Wie ich mich selbst und Gott sehe

Wenn ich mich konzentriere mich zu sehen, das was ich wirklich bin, mein Wesen, meine Ich-bin-Präsenz, sehe ich mich erst als eine Art flüssige, wie durchsichtige ‚Substanz' mit der Form wie eine gefüllte Kuppel (oder Ball), und dadurch, irgendwo in der Mitte, sehe ich meinen physischen Körper. Der Körper ist nicht sehr groß, vielleicht 5 Prozent von dem ‚Raum' den ich einnehme. Diese flüssige Substanz kommt von und geht zu der Mitte des Herzchakras. Es sieht ein bisschen aus wie wenn man eine Flüssigkeit ausschenkt und diese eine Trichterform formt. Aber gleichzeitig ist die ‚Leere' des Trichters auch voll mit dieser Flüssigkeit.

Meisterin im Minirock

Jedoch ist der Körper hier drin und gleichzeitig ein Teil hiervon, durch und durch hiervon durchdrungen.

Wenn ich weiter schaue, sehe ich, dass ich so groß bin, dass dieses ‚flüssige Ich' sogar überall über die Welt reicht, über diesen Planeten. Es ist wie eine Schicht von ungefähr 3,5 bis 4 Meter.

Dann will ich sehen, was Gott ist. Ich höre ES/SIE/IHN wie eine Stimme in dieser Flüssigkeit-ähnlichen Substanz. Diese Stimme ist überall in diesem Flüssig-Etwas, das mein Wesen ist. Das Interessante ist, dass ich tatsächlich diese Stimme *sehe*, nicht nur höre. Und es ist nicht nur ein Hören oder Sehen; es gibt die ganze Zeit diese Präsenz von Stimme. Das Aufmerksamkeit-Ergreifende ist, dass es *Gott* in mir erfährt; aber zu gleicher Zeit ist es *ich* in Gott, es fühlt sich sooo nach Eins an. Doch gibt es klar diese Stimme, die mir sagt, was ich tun soll, was ich nicht tun soll. Ich möchte sagen, dass sie Vorschläge macht, aber das stimmt nicht ganz. Es fühlt sich sehr anders an als das, was ich bin, und gleichzeitig, wenn ich entscheide nicht zuzuhören, fühlt es sich definitiv so an, dass ich mir selbst untreu bin.

Es fühlt sich wie das große Bewusstsein in meinem eigenen Bewusstsein zu gleicher Zeit an.
Es macht mich sehr glücklich, diese Gottheit zu sein, genauso, wie ein Teil davon zu sein und ich fühle auch diese Verantwortung für unsere Schöpfung in meinen Händen.

Es ist sehr interessant, wie wunderbar Verantwortung sich anfühlen kann. Wenn ich ganz hier bin, sehr bewusst von der, die ich bin, und nicht durch Trivialitäten abgelenkt werde, ist Verantwortung überhaupt keine Last, nur eine Tatsache die wir alle tragen und wofür wir sorgen müssen.

Meisterin im Minirock

Ich bleibe ganz still in dieser Erfahrung und dann fühlt es sich fast an, als ob ich die Frontperson wäre und als ob ich die ganze Welt, besonders die Menschheitsenergie, hinter mir haben würde in einer Art von Membran, die ich vorwärts ziehe mit meiner Energie des Entwickelns. Auf diese Art bewegt sich, bei jeder Bewegung die ich mache, sowohl innerlich wie äußerlich, all das hinter mir mit. Es ist nicht etwas das ich wirklich *tue*, es ist etwas das passiert. Aber... das hier so zu tun ist eine Wahl, die ich vor langer Zeit, lange bevor ich in diesem Körper inkarniert war als Ria, getroffen habe. Das hier ist die Chance, die Verantwortung, die Gelegenheit, die wir haben durch uns dessen bewusst zu sein.

Wenn du einen Baum beobachtest, wirst du sehen, dass irgendwann in seinem Jahreszyklus er Tausende Samen abwirft. Aber nur sehr wenige werden schließlich Bäume. Es ist viel Wachstumskraft in das Fortbestehen der Spezies investiert worden.
Wenn wir eine Idee haben, wie der Menschheit zu helfen ist, und wir diese Idee aktiv in unseren Herzen tragen und auch entsprechend willensstark handeln, wird es eine Menge Willenskraft geben, die noch nicht aufgebraucht ist. Diese Willenskraft geht nicht verloren; es ist keine verschwendete Energie. All das was hier auf Erde nicht benutzt wird, geht in den Äther hinein, wo es der Menschheit als Ganzes zu Gute kommt. Mit anderen Worten: Deine Willenskraft geht auf die Bank zum Gewinn für die ganze Menschheit.
Hier kannst du sehen, wie nur wenige von uns, wenn wir korrekt handeln, wirklich die Welt verändern können!! Wir brauchen keine Missionare zu werden, nur mit einer soliden Gruppe Menschen können wir einen totalen Umschwung erreichen. Das ist unser wirkliches Potential, Sein und Leben. Lass uns alle das ausnutzen!!

Kapitel 15. Epilog

Lebe als ob du feiern würdest

In jedem negativen Gedanken steckt Angst. Es kommt durch Angst, dass wir in der Falle sitzen bleiben und wir zögern und den notwendigen Veränderungen ausweichen; es kommt durch Angst, dass wir keine Entscheidungen treffen; es kommt durch Angst dass wir Sachen erlauben, die uns nicht gefallen und wir nicht für uns selbst aufstehen. Durch Angst fühlen wir uns hilflos, sie trennt uns von unserem wirklichen Wesen, sie macht aus uns Sklaven, sie lenkt uns ab vom Glücklichsein und hält uns ab, Frieden und Fülle zu erfahren.

Jeder Tag ist ein neuer Tag den wir schöpfen. Wir haben die Möglichkeiten von Leben und Sterben geschöpft. Wir haben die Möglichkeit Freude und Elend zu erfahren geschöpft. Wir haben die Möglichkeit der Wahl geschöpft. Wir schöpften eine Sensibilität und Subjektivität und dadurch können wir alle vorher genannten Zustände erfahren. Und... wir können diese Zustände aufs Geratewohl schöpfen.

Wenn du jetzt noch in der Opferrolle bist, wirst du hiermit nicht einverstanden sein, aber dann werde ich dir erzählen, dass du dir deine Opferrolle geschöpft hast; es ist deine Wahl das Jetzt so zu leben. Wenn du also willst, dass diese Situation fortdauert, wirst du Elend erfahren und möglicherweise wird jeder neue Tag eine Verlängerung deiner Tortur.

Ich habe entschieden, dass jeder neuer Tag wieder eine Chance ist, um die Schönheit der Schöpfung zu spüren. Jeden neuen Tag erfahre ich meine Möglichkeiten und untersuche ich, welche

Meisterin im Minirock

davon so weit sind, dass ich sie mit der Welt teilen soll und welche noch Pflege brauchen, bevor ich sie raus lassen kann.

Ich prüfe auch nach, welche Teile ich als ich selbst fühle, die mich jedoch daran hindern glücklich zu sein und was ich mit denen tun oder lassen kann, damit ich mein Leben so verändere, dass mein Licht effektiver strahlen kann.

Hört sich das alles wie unangenehme Hausarbeit an??

Nicht, wenn du die Haltung der Anmut annimmst. Sei dankbar für dein Leben, es ist eine Feier der Schöpfung. Jedes Teil dieses Lebens, jedes Tages, jedes Moments, jeder Erfahrung: Schau sie dir an wie einzigartig es ist, denn es IST einzigartig. Wenn du aus einer Entfernung dein Leben anschaust, objektiv, wirst du sehen, wie interessant das Kleinste was du tust ist.

Beobachte dich während du mit einem Messer schneidest. Schau dir alle Bewegung an, die es braucht, das zu tun und alle körperlichen Funktionen, die aufgebaut sind, damit dieses möglich ist. Wenn du das machst, kannst du nur noch jubeln wegen dieser Großartigkeit und dann feierst du.

Schau zum Himmel, wie viele Arten Himmel hast du in den letzten 5 Minuten gesehen... stell dir vor in deinem *Leben*. Das zählt auch für die, die in Gegenden leben, wo der Himmel immer einfarbig ist, denn das ist er nicht. Er bewegt sich, man kann die Bewegung im Himmel sehen, wenn man wirklich schaut. Lerne zu sehen, zu fühlen, aber *lerne* jetzt *wirklich*. Keinen Schmerz empfinden, weil das mit deiner Ruhe kollidiert, ist eine Wahl die du treffen kannst, aber wenn du wirklich glücklich werden willst, dann sehe und spüre, und bleib dabei.

Meisterin im Minirock

Das heißt nicht, dass du aufhören musst, dein ‚normales' Leben zu leben. Aber du wirst bemerken, dass dein Leben, wenn richtig angeschaut, gar nicht so normal ist sondern das es sehr aufregend ist. Die kleinste, anscheinend unscheinbare Bewegung der Existenz, war vorausgegangen durch diese enorme Größe die wir Schöpfung nennen. Und... Schöpfung bist du. Du, die ICH-BIN-Präsenz die du bist, ist diese Schöpfung.

Diese Du bist Teil von all dem hier, also feiere. Das ist kein Narzissmus, das ist wahre Liebe.

Mein Leben ist ein glückliches Leben, obwohl ich viele heftige Momente erlebt habe, in dem der Tod mich schon mitgenommen hatte, ich mich aber entschieden hatte wieder zurück zu kommen. Diese Erfahrungen beschränken auch meine körperliche Bewegung. Trotzdem, ich lebe; ich kann sehen, mich bewegen, essen und mein inneres Wachsen erleben, jeden Tag ein besserer Mensch zu werden. Ich sehe, dass mein Bestreben mich innerlich zu entwickeln, Früchte trägt, was dazu führt, dass ich mich zufrieden fühle, auf dem richtigen Weg zu sein.

Ich sehe wie Menschen unter meiner Führung sich verändern und glücklicher werden.

Das alles gibt mir Grund zu fühlen, dass dieses Leben zu leben, eine Feier ist und es verursacht Glück, da ich weiß, dass, auch wenn es noch ziemlich dauern wird, in der Zukunft diese Einheit unmittelbarer sein wird; und dann werden alle Menschen dem Weg des Lichtes, dem Weg der Liebe folgen wollen.

<u>Wir sind auf unserem Weg!!!</u>

Ria Panen Godesberg